cooking at home 02

PAS

t

밀리Millie

호주 멜버른의 윌리엄 앵글리스William Angliss Institute of Tafe에서 커머셜 쿡커리 디플로마 과정을 이수했습니다. 다년간 멜버른의 특급호텔 RACV 시티 클럽에서 조리사로 일했으며 유명 푸드스타일리스트 리 블레이록Lee Blaylock과 사진가 브렌트 파커 존스Brent Parker Jones의 어시스턴트로 경력을 쌓았습니다. 귀국 후 〈올리브 매거진 코리아〉, 〈스타일러〉 등 잡지와 이마트, 신세계, SPC, 인터컨티넨탈호텔 등의 다양한 브랜드와 협업하며 푸드스타일리스트로 활발히 활동 중입니다. 저서로 〈토스트〉가 있습니다.

PASTA

파스타

72가지의 특별한 홈메이드 레시피

밀리 지음

taste BOOKS

첫 책 〈토스트〉를 출간하고 제안을 받았습니다. “우리, 파스타로 한 번 더 책을 만들어볼까요?”
감사했지만 솔직히 두려운 마음이 더 컸습니다. 이탈리아 요리 전문가도 아닌 제가 파스타 레시피를 소개하다니요! 부담스러웠습니다. 메뉴를 정하고 레시피를 쓰고 촬영을 할 생각만 하면 잠을 이룰 수가 없을 정도였어요. 그렇게 며칠을 고민하던 중 이런 생각이 들었습니다.
‘예전에 내가 즐겨보던 책이 모두 셰프들이 쓴 책은 아니었잖아!’ 생각해보면 셰프의 책보다는 조금 투박하지만 따뜻한 느낌을 주는 요리책을 자주 보았어요. 지금도 그런 책을 더 즐겨 본다는 것을 깨달았습니다.

어느새 파스타 메뉴를 개발하고 있었고, 스튜디오 주방에서 열심히 파스타를 만들었어요. 그렇게 두려워하던 일을 언제 그랬냐는 듯 즐기고 있더라고요. 그동안 잊고 살았던, 치열하고 뜨거운 레스토랑 키친 라이프의 기억도 떠오르고 호텔 조리사 시절 콜드 섹션에서 팬 섹션으로 옮겼을 때의 기쁨도 떠올랐습니다. “이건 사람이 할 일이 아니야”라며 파트장 셰프에게 투정을 부렸던 기억도 나더군요. 눈앞에 꽂혀 있는 수많은 주문서, 스토브 가득 놓인 파스타 팬과 리소토 팬, 당장 플레이팅하라고 닦달하던 수셰프, 파스타가 덜 익었다는 컴플레인과 함께 그릇을 다시 가져온 홀 매니저, 너무 맛있었다면서 초콜릿 몇 개를 선물로 주신 최고령 단골 할머니….
연희동 스튜디오 안에는 저를 도와주는 스태프뿐이었지만 그때의 풍경이 생생히 떠올랐습니다. 이렇게 치열하게 요리를 만들어본 게 언제인지 스스로 반성도 했고요. 70개가 넘는 파스타를 시간에 쫓기며 쉴 새 없이 만들어야 하는 상황에서 이상하게 아드레날린이 치솟더라고요. 밤늦게까지 촬영을 하고 터벅터벅 집으로 돌아가는 순간까지 수년 전 멜버른의 기억을 떠올리게 했습니다. 하나의 결정이 이 많은 기억을 되새기게 해줄 것이라고는 미처 예상하지 못했습니다. 그날의 결정에, 다시 한 번 손을 내밀어준 그녀에게 너무나 감사합니다.
〈파스타〉에는 가장 기본적인 파스타부터 유학 시절 생존을 위해 만든

저만의 파스타, 호텔에서 선배 셰프에게 배운 파스타, 그리고 이 책을 위해 열심히 공부하고 만든 새로운 파스타가 담겨 있습니다. 한 치의 오차도 없는 예술작품처럼 멋있는 요리는 아닙니다. 눈이 휘둥그레지는 진귀한 재료도 없고, 유행하는 메뉴가 아닐 수도 있습니다. 하지만 가슴이 따뜻해지는 한 그릇의 파스타를 전하기 위해 함께 작업한 스태프들 모두 행복한 마음으로 만들었습니다. 그 마음과 바람이 맛있는 파스타와 함께 여러분에게 전해지길 바랍니다.

Contents

Part2 초급

Part3 중급

Part4 고급

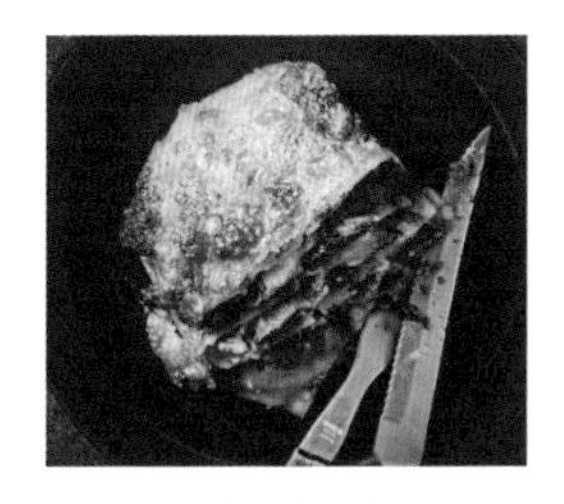

Bonus 곁들임 메뉴

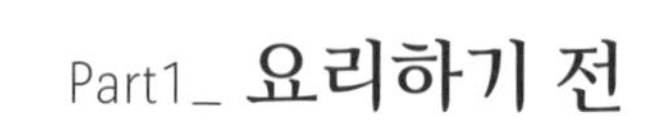

Part1_ 요리하기 전

파스타를 만들기 전 알아야 할 것들을 살펴보자.
재료, 도구, 조리법, 남은 소스를
활용하는 방법 등 유용한 스킬이 가득하다.

*이 책에 소개된 모든 재료와 분량은 1인분(1접시) 기준입니다. 기준이 다른 메뉴는 재료 옆에 별도로 표기했습니다.
*재료에 소개된 파스타와 동일한 것을 사용하지 않아도 됩니다. 하지만 같은 파스타를 사용하면 소스와 잘 어울리고 맛도 풍부해집니다.
*홈메이드 소스를 사용했습니다. 만드는 방법은 p.66을 참고하세요. 간단하게 만들고 싶다면 시판 소스로 대체해도 됩니다.
*파스타를 삶는 방법은 각각의 레시피에 표기하지 않고 p.45~47에 자세히 소개했습니다. 요리를 시작하기 전에 미리 참고하세요.

재료 알기

맛있는 파스타를 만들기 위해서는 먼저 파스타에 대해 알아야 합니다. 파스타의 종류와 소스, 파스타를 만들 때 자주 사용하는 재료들을 소개합니다.

파스타

이탈리아의 면 요리를 말한다. 건파스타와 생파스타를 이용해 만들며, 두 가지 모두 듀럼밀durum wheat과 물 또는 달걀을 섞어 만든 반죽으로 만들어진다. 듀럼밀은 다른 밀에 비해 입자가 딱딱하고 단백질과 글루텐 함량이 높다. 듀럼밀을 굵게 공정한 세몰리나semolina, 일반 밀가루처럼 고운 형태로 공정한 세몰라semola가 파스타의 주재료다. 이탈리아에서 만든 거의 모든 건파스타는 세몰라 또는 세몰리나로 만든다. 파스타는 모양이 매우 다양하다. 알려진 것만 해도 300종 이상이며 같은 모양의 파스타라도 지역에 따라 이름이 다르고, 가정에서 각각의 개성에 따라 만드는 파스타도 많아서 정확한 개수를 파악하기가 불가능하다.
기본적으로 파스타는 물에 소금을 넣고 삶아서 사용하며 소스나 부재료와 함께 프라이팬에서 조리하거나 오븐에 익혀서 요리한다. 수프나 샐러드에도 활용할 수 있고 최근에는 파스타를 활용한 디저트 레시피까지 발견할 수 있다.

1. 건조 정도에 따른 구분

건파스타

세몰리나 또는 세몰라와 물을 섞어 만든 뒤 며칠 동안 낮은 온도에서 건조시킨다. 달걀을 넣기도 하지만 필수 요소는 아니다. 달걀을 넣었다면 패키지에 에그파스타라고 명시한다. 기계로 만들어서 파스타 모양이 다양하다.

생파스타

대부분 달걀을 넣어 반죽한다. 소량 생산하여 바로바로 판매한다. 수작업 또는 소형기계로 만들기 때문에 모양이 다양하지 않고 특히 가정에서 만들 때는 면의 너비 정도만 다르다. 최근에는 업소용 파스타 기계가 보급되어 파스타 전문점에서 다양한 모양의 생파스타를 만날 수 있다.

생파스타

2. 길이와 모양에 따른 구분

쇼트파스타

- **펜네penne** 길이 5cm 정도의 튜브 모양 파스타로 양끝이 비스듬히 잘려 있다. 파스타 겉면에 세로로 주름이 있어 소스가 잘 묻는다. 모든 소스에 잘 어울린다.
- **푸실리fusilli** 길이 4cm 정도로 꽈배기 같은 모양이다. 종종 로티니rotini와 비교되는데 푸실리는 대각선으로 넓게 꼬여 있고 로티니는 수평으로 촘촘하게 꼬여 있다. 페스토와 궁합이 좋다.
- **파르팔레farfalle** 이탈리아어로 나비라는 뜻을 가진 파스타로 보타이bow tie라고 부르기도 한다. 주로 샐러드를 만들 때 사용한다.
- **리가토니rigatoni** 길이 4.5cm, 직경 0.7cm 정도의 튜브 모양 파스타다. 펜네처럼 겉면에 주름이 있지만 양끝은 일자로 잘려져 있다. 미트소스에 잘 어울리며 오븐에 굽는 요리에 사용해도 좋다.
- **마카로니macaroni** 아치가 있는 튜브 모양 파스타로 길이는 1~1.5cm 정도로 매우 짧다. 샐러드나 수프, 베이킹에 사용한다.
- **카사레체casarecce** 길이 5cm 정도의 파스타로 양옆이 안쪽으로 한 번 말린 상태에서 살짝 꼬인 모양을 가지고 있다. 시칠리아 지역에서 시작되었으며 다양한 종류의 페스토와 잘 어울린다.

롱파스타

- **엔젤헤어angel hair** 0.78~0.88mm 정도 너비의 파스타로 아주 가늘다. 수프나 해물, 올리브유드레싱처럼 가벼운 재료와 함께 파스타를 만든다.
- **스파게티spaghetti** 27cm 정도 길이, 0.2cm 너비의 가늘고 긴 모양이다. 다양한 소스에 잘 어울리지만 토마토소스와 가장 많이 사용한다.
- **링귀네linguine** 너비 0.4cm 정도의 납작한 파스타로 길이는 스파게티와 비슷하다. 해산물 또는 페스토를 베이스로 한 파스타에 많이 사용한다.
- **페투치네fettuccine** 너비 0.6cm 정도의 납작한 파스타. 미트소스와 가장 많이 사용한다.
- **탈리아텔레tagliatelle** 너비 0.7~1cm 정도의 납작한 파스타로 치즈소스, 토마토소스와도 잘 어울리지만 최상의 궁합은 볼로네제다.
- **파파르델레pappardelle** 너비 2~3cm 정도의 넓고 두툼한 파스타로 마치 리본 같은 모양이다. 크림소스나 진한 미트소스와 잘 어울린다.
- **부카티니bucatini** 스파게티와 비슷한 모양이지만 0.3cm 정도의 너비로 스파게티보다 더 넓고 빨대처럼 가운데가 뚫려 있다. 버터소스, 판체타pancetta 같은 염장한 돼지고기가 들어간 토마토소스와 잘 어울리며 동양식 볶음면처럼 조리하기에도 좋다.
- **카펠리니capellini** 너비 0.85~0.92mm 정도로 엔젤헤어보다 조금 더 두껍다. 파스타샐러드로 적당하며, 가벼운 오일소스, 아시안드레싱 등과 잘 어울린다.

쇼트파스타

롱파스타

그 외 파스타

- **라자냐**lasagne 15x9cm 크기의 직사각형 모양 파스타다. 부재료와 함께 여러 장을 겹쳐 올려 오븐에서 굽는 방식으로 만든다.
- **로텔레**rotelle 작은 바퀴 모양의 파스타로 소스가 묻어나는 면적이 많아 대부분의 소스와 잘 어울린다. 재미있는 모양 때문에 어린이용 파스타를 만들 때 자주 사용한다.
- **오르조**orzo 긴 쌀알 모양의 파스타로 리소니risoni라고 부르기도 한다. 샐러드, 캐서롤 등의 요리에 잘 어울리고 수프에 자주 활용된다.
- **콘킬리오니**conchiglioni 길이 10cm, 너비 3cm, 깊이 5cm 정도의 소라 껍질 모양 파스타다. 파스타 속을 채워 넣고 소스와 함께 오븐에 구워내는 요리가 가장 일반적이다. 토마토소스나 미트소스가 잘 어울린다.
- **특수 파스타** 최근 파스타에 여러 가지 맛과 색을 입혀 다양한 파스타를 만들기도 한다. 시금치즙, 비트즙, 오징어먹물 등의 천연재료를 사용한 형형색색의 파스타, 트러플을 갈아서 만든 파스타 등 선택의 폭이 넓다.

소스

파스타 요리에 가장 중요한 것은 소스다. 파스타는 소스에 부재료를 더해 완성하는 것이라 해도 과언이 아니다. 홈메이드 소스를 만들 때는 기본이 되는 몇 가지를 알아두고 다양하게 변형을 하면 된다. 기본 소스는 토마토소스, 미트소스, 페스토 등이 있으며 토마토소스와 페스토는 미리 만들어두고 냉동 보관하면 2주 정도는 먹을 수 있다. 홈메이드 소스가 부담스럽다면 시판 소스를 구입하면 된다. 최근에는 오일소스, 크림소스, 치즈소스, 로제소스 등 다양한 소스를 판매하고 있어서 추가 재료를 넣어 간편하게 만들 수도 있다. 단, 시판 소스는 간이 강하기 때문에 소금 또는 치즈로 간을 맞출 때 주의해야 한다.

미트소스

고기 다진 것과 토마토소스를 섞어서 만든다. 소고기를 기본으로 쓰지만 돼지고기를 섞어 쓰기도 한다. 고기의 잡내를 없애기 위해 월계수잎과 바질 말린 것을 더한다. 추가 재료 없이 그대로 먹어도 든든하다.

오일소스

올리브유를 베이스로 만든 소스로 바로 만들어서 사용한다. 올리브유에 열을 가하고 마늘, 페퍼론치노, 허브 등으로 맛을 낸다. 샐러드드레싱처럼 만들어서 소스로 사용할 수도 있다.

크림소스

루와 생크림 또는 우유를 베이스로 만든 소스로 밀가루와 버터로 만든 루에 생크림 또는 우유를 넣고 끓인 뒤 파르메산으로 간을 맞춘다. 허브, 마늘, 베이컨 등 다양한 재료를 추가해 소스에 맛을 더한다.

토마토소스

토마토를 베이스로 만든, 가장 기본적인 소스다. 토마토, 방울토마토 또는 다른 재료가 들어가지 않은 토마토 캔, 파사타 등으로 만들며 여기에 마늘, 양파, 각종 허브 등으로 맛과 향을 더한다.

페스토

허브와 견과류, 올리브유, 치즈 등을 한 번에 갈아 만든 소스다. 바질페스토가 가장 유명하지만 민트, 고수, 파슬리 등 다양한 종류의 페스토가 있고 깻잎, 미나리, 시금치, 토마토, 올리브 등의 재료로 응용할 수도 있다.

로제소스

기본 토마토소스에 생크림을 넣은 소스다. 토마토의 새콤한 맛을 생크림이 중화시켜서 맛이 부드럽고 고기, 해산물, 채소 등 다양한 재료와 모두 잘 어울린다.

미트소스
Bolognese
토마토 & 미트
오일소스
크림소스
RINALDI
로제소스
MILANO
토마토소스
페스토

치즈

모든 요리는 간이 중요한데 파스타는 소금보다 치즈로 간을 맞추는 것이 좋다. 치즈를 소스 베이스로 사용한다면 더욱 신경 써야 한다. 마스카르포네, 페타 같은 생치즈는 그대로 소스를 만들고, 연질치즈나 반경질치즈는 녹이거나 크림과 함께 녹여 소스로 만들기도 한다. 파르메산 같은 경질치즈는 오일 베이스의 파스타에 소스처럼 넣고 볶는 경우도 있다. 치즈에 있는 감칠맛과 각기 다른 치즈의 다양한 맛이 파스타의 맛을 좌우한다. 치즈는 토핑으로도 중요한 역할을 한다. 오븐에 구울 때 바삭하거나 쫄깃한 식감을 내며 부드러운 맛의 파스타에 포인트를 주기도 한다.

비숙성 연질치즈

수분 함량이 80%인 치즈다. 강하지 않지만 톡 쏘는 맛이 특징이며 숙성 치즈가 아니기 때문에 빨리 상한다. 모차렐라, 보콘치니, 크림치즈, 마스카르포네, 리코타, 페타 등이 대표적이다.

연질치즈

부드럽지만 숙성된 치즈로 수분 함량은 50~70% 정도다. 겉면에 하얀 막이 형성되어 있는 것이 특징이다. 종류에 따라 다르지만 버터 같은 고소한 맛이 두드러진다. 브리, 카망베르, 뮝스테르 등이 대표적이다.

반경질치즈

수분 함량이 40~45% 정도인 치즈다. 연질치즈에 비해 딱딱하지만 아직 말랑한 느낌이 살아 있다. 녹여서 사용하면 좋은 치즈들이 포함되어 있다. 대표적으로 체다, 그뤼에르, 에멘탈, 고다, 에담, 블루 등이 있다.

경질치즈

수분 함량이 30~40%인 딱딱한 치즈로 두 달에서 36개월 정도 숙성을 시킨다. 견과류, 태운 버터의 향이 강하며 딱딱한 성질 때문에 주로 갈아서 사용한다. 대표적으로 파르메산, 파르마지아노 레지아노, 그라나 파다노, 페코리노가 있다. 파르마지아노 레지아노와 그라나 파다노는 비슷하지만 숙성 기간에 차이가 있다. 페코리노는 소젖이 아닌 양젖으로 만든다.

반경질치즈

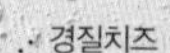

경질치즈

비숙성 연질치즈

허브

허브 또한 파스타 요리에서는 주재료만큼 중요하게 사용된다. 강하지 않지만 주재료와 어우러지며 개성을 드러내는 허브는 파스타의 처음과 끝을 좌우한다. 허브 말린 것을 소스와 함께 끓이면 전체적으로 소스에 향이 배어 마지막 한 입까지 은은하게 남는다. 요리 마지막에 신선하게 올린 허브는 시각적으로도 매력적일 뿐만 아니라 파스타의 맛에도 영향을 준다. 입안에 넣자마자 퍼지는 허브의 향긋함은 허브 말린 것보다는 오래가지 않지만 충분히, 그리고 적당히 자극적이다. 허브마다 잘 어울리는 식재료가 있으니 미리 알아두면 요리할 때 더욱 유용하다.

허브 말린 것

서양 요리에 빠지지 않는 재료다. 허브 말린 것 1작은술은 생허브 1큰술과 비슷한 양으로 계산하면 된다. 건조된 상태의 허브가 맛을 내려면 수분이 필요하다. 그래서 허브 말린 것을 넣을 때는 요리 초반에 사용한다. 파슬리 말린 것이나 바질 말린 것은 어떤 요리에나 잘 어울리는 기본 허브로 구비해두면 유용하게 사용할 수 있다. 타임 말린 것은 수프와 스튜 등에 자주 사용하고 닭고기 요리에도 잘 어울린다. 오레가노는 유일하게 말린 것의 향이 더 강하다. 토마토와 치즈가 들어가는 요리에 많이 사용하고 고기 요리와 잘 어울린다.

허브

신선한 허브는 허브 말린 것과 반대로 요리 과정의 중간이나 마지막에 넣어야 향을 잃지 않는다. 또한 말린 것만큼 맛이 농축되지 않았기 때문에 장식으로 올리는 것이 아니라면 과감하게 넣어도 된다. 바질은 페스토, 샌드위치, 샐러드, 수프 등에 다양하게 사용되며 토마토와 함께 넣으면 그 향이 두드러진다. 민트는 디저트에 주로 사용한다고 생각하지만 요리에도 적합하다. 특히 양고기와의 궁합이 좋고 채소와 곁들여도 좋다. 로즈메리는 향이 강하기 때문에 많이 넣지 않도록 주의한다. 고기와 잘 어울리며 피자, 파스타소스에도 자주 사용된다. 파슬리는 사용하지 않는 요리가 없을 정도로 만능이다. 향이 강하지 않고 다른 재료들을 아울러주는 역할을 하기 때문이다. 컬리파슬리는 맛과 향이 거의 없고 억세서 잘 사용하지 않으니 이탈리안파슬리를 사용하자. 차이브는 파와 맛이 비슷하고 더 부드럽다. 만일 차이브가 없다면 쪽파 등으로 대체할 수 있다. 동양 음식에도 사용하고 퀘사디아, 부리토 같은 멕시칸 음식과도 잘 어울린다. 딜은 특유의 상큼한 향 덕분에 요구르트, 크림치즈, 리코타 같은 유제품으로 만든 소스에 넣으면 더욱 개성을 발휘한다. 해산물 요리와도 잘 어울리며 특히 연어에 곁들이면 비린 맛을 완벽하게 잡아준다.

이탈리안파슬리
딜
파슬리
애플민트
차이브
바질
로즈메리
로즈메리
오레가노
바질

기타

파스타에 주로 사용하는 그밖의 재료는 다음과 같다. 재료를 볶을 때 사용하는 버터나 올리브유, 소스의 풍미를 돋우기 위한 와인, 레드와인식초 등이 있고 개성을 더하기 위한 절임류, 향신료 등이 있다. 올리브, 케이퍼, 안초비, 페퍼론치노 등이 대표적이지만 이 재료들은 파스타의 맛을 지배하기 때문에 반드시 적은 양부터 시도하면서 취향을 찾아가야 한다. 크림소스의 베이스로 사용하는 우유와 생크림, 집에서 쉽게 만들 수 없는 다양한 종류의 토마토 캔은 홈메이드 파스타를 만들 때 도움이 되는 기본 재료다.

와인

적은 양의 와인으로도 요리의 풍미가 달라진다. 알코올은 증발하고 와인의 맛만 남아 다른 재료들과 어우러진다. 와인은 오래 졸일수록 산미와 당도가 높아져 요리에 깊은 맛을 더한다. 너무 많이 사용하면 와인의 맛이 주재료의 맛을 가릴 수 있으니 주의한다.

레드와인식초

피클, 샐러드드레싱, 고기를 재울 때, 각종 소스 등에 유용하게 사용한다. 단순하게 신맛만 필요하다면 일반 식초를 써도 되지만 드레싱처럼 맛을 바로 느낄 수 있는 요리에는 와인의 향과 단맛이 느껴지는 레드와인식초를 사용하면 좋다.

올리브유

올리브유는 고열에 쉽게 산화되어 열을 가하지 않는 것이 좋다고 알려져 있지만, 질 좋은 올리브유는 채소를 볶거나 고기를 굽는 정도로 산화되지 않는다. 고열에 튀기지 않는 이상 질 좋은 엑스트라버진올리브유를 사용하면 된다.

파사타

파사타는 열을 가하지 않은 100% 토마토퓨레를 말한다. 토마토 캔 제품과 다른 점은 체에 한 번 걸러낸다는 것이다. 그래서 씨와 껍질이 없이 토마토 과육만으로 만들어진다. 대부분의 토마토수프, 스튜, 소스에 사용한다. 레시피에 파사타로 명시되어 있다면 다른 재료로 대체할 수 없다. 파사타가 없다면 토마토 캔을 블렌더에 넣고 간 뒤 체에 걸러서 사용한다.

우유

크림소스, 베사멜소스를 만들 때 사용한다. 저지방우유, 두유, 아몬드밀크 등으로 대체할 수 있지만 맛에 차이가 있으니 일반 우유를 사용하는 것이 가장 좋다.

생크림

크림소스를 만들 때 사용한다. 굳이 루를 만들지 않아도 생크림과 치즈를 함께 녹여 소스를 만들 수 있고, 요리에 부드러운 맛을 내고 싶을 때 넣기도 한다.

버터

기본적으로 무염버터를 사용한다. 요리를 시작할 때나 마지막에 버터를 넣으면 전체적으로 고소한 풍미를 더해준다. 버터는 잠시만 한눈을 팔아도 타버릴 정도로 산화점이 낮기 때문에 주의해야 한다. 소량의 올리브유와 함께 끓이면 산화점이 조금 올라가 금방 타는 것을 방지할 수 있다.

파사타
와인
우유
PASSATA
매일우유
Maeil
매일우유
오리지널
3.6%
1000 mL
올리브유
레드와인식초
생크림
토마토 캔
Elle & Vire
Beurre Gastronomique
버터
올리브
선드라이드토마토
케이퍼
토마토페이스트
안초비
페퍼론치노

선드라이드토마토

완숙 토마토를 햇빛에 약 5~10일 정도 말린 것을 말한다. 올리브유에 절여진 형태의 제품이 일반적이다. 로즈메리나 바질, 마늘 등을 함께 넣어 향과 풍미를 더한 것도 있으며 방울토마토로 만든 것도 구할 수 있다. 가정에서는 오븐을 사용하면 시간은 오래 걸리지만 손쉽게 만들 수 있다. 그냥 먹어도 좋고 통째로 사용하거나 잘라서 파스타에 넣으면 새콤달콤한 맛과 쫄깃한 식감을 더할 수 있다. 다른 부재료들과 갈아서 레드페스토를 만들기도 한다.

토마토 캔

홀토마토, 슬라이스토마토, 크러시드토마토, 방울토마토 등 종류가 다양하다. 필요한 용도에 따라 선택해서 사용한다. 다른 재료가 들어가지 않았기 때문에 토마토 캔으로 소스를 만든다면 반드시 간을 더해야 한다.

올리브

크게 그린올리브와 블랙올리브가 있으며 씨가 있는 것과 없는 것으로 구분할 수 있다. 요리용으로 사용한다면 씨가 없는 올리브가 편하다. 씨가 있는 홀올리브 역시 요리에 사용할 수 있지만 손질이 필요하기 때문에 애피타이저나 술안주로 주로 먹는다.

케이퍼

특유의 신맛, 짠맛, 그리고 올리브와 비슷한 맛이 있는 재료다. 생선 요리나 파스타와 잘 어울린다. 몸집은 작지만 맛이 강한 편이어서 많이 사용하면 요리 전체의 맛에 영향을 줄 수 있으니 조금씩 사용한다.

토마토페이스트

토마토소스를 오랫동안 끓여 수분을 거의 없애고 페이스트 형태로 만든 것이다. 산도가 강하다. 적은 양으로 토마토 맛을 내고 싶을 때 유용하다.

안초비

소금에 절인 멸치를 올리브유에 담가둔 것이다. 특유의 비린 맛이 있고 매우 짜기 때문에 소량으로도 강한 맛을 낸다. 안초비가 들어가는 레시피라면 소금과 치즈의 양을 주의해서 사용한다.

페퍼론치노

이탈리아의 매운 고추를 말한다. 태양초처럼 통풍이 잘되는 곳에서 햇빛으로 말린다. 통으로도 사용하지만 플레이크, 가루, 페이스트 등 다양한 형태로 가공되어 있으니 필요한 용도에 맞게 선택하면 된다.

도구 알기

파스타를 맛있게 만들기 위해 필요한 도구를 소개합니다. 구비해두면 시간과 노력이 절약되는 다양한 도구를 적절히 활용해보세요.

삶는 도구

파스타를 삶을 때 꼭 필요한 도구는 냄비지만 이외에도 갖춰두면 편리한 도구들이 있다. 건지개, 채반, 집게 등의 도구는 조금 더 쉽게 면을 삶을 수 있게 도와준다.

파스타 전용 냄비

깊이가 깊은 냄비 안에 거름망이 들어 있다. 거름망 안쪽에서 파스타를 삶고 다 삶으면 망만 빼내면 되어서 편리하다.

면 건지개

파스타 전용 냄비 안의 거름망과 비슷하지만 손잡이가 위로 길게 뻗어 있어 다루기가 편하다. 한 번에 두 가지 이상 파스타를 삶아야 할 때 큰 냄비에 면 건지개를 두세 개씩 넣고 한 번에 끓일 수 있다는 장점이 있다.

채반

일반 냄비에서 파스타를 삶았다면 채반을 사용해 면을 건진다. 채반 아래에 컵이나 볼을 받치고 파스타를 채반에 쏟으면 면수를 따로 떠야 하는 번거로움도 없다.

국자

파스타를 삶은 뒤 바로 팬으로 옮길 때는 그에 맞는 국자를 사용한다. 롱파스타는 다리가 달린 면국자를, 쇼트파스타는 타공이 된 넓은 국자를 사용하면 더 편하다.

집게

삶은 파스타를 건질 때는 되도록 끝이 둥근 집게를 사용한다. 이가 있는 집게는 잘 집히지만 파스타가 끊어지거나 상처가 날 수 있다.

파스타 링

파스타 1인분을 눈대중하거나 손대중하면 늘 양이 많아진다. 이럴 때 파스타 링을 사용하면 편리하다. 1, 2, 3인분 등 구멍으로 계량한다. 단, 롱파스타에만 활용할 수 있다.

면 건지개
파스타 링
채반
파스타 전용 냄비
국자
집게

조리 도구

파스타를 볶을 때, 소스를 졸일 때, 토핑용 치즈를 갈 때, 용도에 맞는 도구를 활용하면 더 쉽고 깔끔하게 파스타를 만들 수 있다.

주물 냄비

원포트파스타, 스튜파스타를 만들 때 사용한다. 두께가 두껍고 열전도율이 뛰어나 가스, 오븐에 상관없이 압력솥에 요리하듯 조리 속도가 빠르고 음식이 고르게 익는다.

프라이팬

파스타를 제외한 부재료를 볶거나 구울 때 사용한다. 팬의 바닥이 너무 두껍지 않은 것이 불조절이 빨라서 더 적합하다. 논스틱 팬을 사용하면 재료가 팬 바닥에 눌어붙지 않아 편리하다.

파스타 커터

라자냐, 라비올리, 토르텔리니 등을 만들 때 유용하다. 바퀴형 커터로 가장자리를 물결무늬로 자를 수 있다.

치즈그레이터와 필러

종류가 매우 다양하다. 날이 날카롭고 미세한 마이크로플레인은 치즈가 마치 눈꽃처럼 갈리고 스탠드형 강판은 4면에 두께가 다른 날이 있어서 용도에 맞게 고를 수 있다. 레스토랑에서 많이 사용하는 로터리그레이터는 작은 치즈블록을 그레이터 안에 넣고 손잡이를 돌리는 방식이라 치즈를 손으로 잡지 않아도 되고 날에 베일 염려도 없다. 필러는 치즈를 얇게 저밀 때 유용하다.

집게

집게 끝에 톱니 날이 있는 것은 피한다. 집게 끝이 얇고 가는 것을 사용하면 조금 더 섬세하게 플레이팅할 수 있다.

파스타 생면 기계

집에서 생면을 만들 때 파스타 기계가 있으면 한층 수월하다. 가장 두꺼운 5단계부터 가장 얇은 1단계까지 설정할 수 있으며 파스타 두께가 일정하다. 스파게티와 링귀네를 뽑을 수 있는 부속품이 있어서 커팅까지 한 번에 해결할 수 있다.

밀대

파스타 기계가 없다면 밀대를 사용한다. 기계만큼 얇게 밀기는 어렵지만 라자냐나 도톰한 파파르델레, 탈리아텔레를 만들기에는 적당하다. 반죽을 밀 때는 밀대에 밀가루를 조금씩 뿌려서 반죽이 붙는 것을 방지한다.

파스타 생면 기계
주물 냄비
밀대
VERMICULAR
집게
파스타 커터
필러
프라이팬
치즈그레이터
치즈그레이터

파스타 다루기

정확한 방법으로 파스타를 계량하고 삶으면 훨씬 더 맛있는 파스타를 만들 수 있습니다. 파스타를 보관하고 담는 등 요리하기 전에 알아야 할 파스타 다루는 법을 소개합니다.

계량

파스타 계량은 요리 전에 가장 먼저 해야 할 일이다. 1인분 정량에 대해서는 다양한 기준이 있지만 이 책에서는 100g을 기본으로 한다. 각자의 식성이나 부재료에 따라 양을 추가하거나 줄이면 된다.

건파스타

롱파스타는 손으로 계량할 수 있다. 손으로 파스타를 쥐었을 때 검지가 엄지손가락 제일 아랫마디에 닿으면 1인분, 중간마디에 닿으면 2인분 정도다. 쇼트파스타는 계량컵을 사용하면 더 편리하다. 계량컵 눈금의 300ml 정도까지 채우면 1인분, 600ml 정도까지 채우면 2인분이다.

1인분

2인분

1인분

2인분

생파스타

생파스타는 저울로 계량하는 것이 가장 좋다. 애피타이저로 만든다면 1인분에 80~90g이 기준이며 메인 요리로 만든다면 1인분에 100~110g을 기준으로 잡는다. 모양과 반죽의 상태에 따라 약간의 차이는 있다.

삶기

파스타를 잘 삶지 않으면 소스나 재료가 아무리 잘 들어가도 실패한 것과 다름없다. 파스타를 잘 삶으려면 적당한 물, 소금, 익히는 시간이 중요하다. 파스타에는 적절한 간이 배어 있어야 맛있고 너무 오래 삶거나 덜 삶아도 안 된다.

1. 건파스타

1

2

3

4

[삶는 법]

*파스타 100g당 물 1L, 소금 10g이 기본이다. 기호에 따라 15g까지 넣어도 된다.

1 물에 소금을 넣고 끓인다.

2 파스타를 넣는다.

3 파스타가 붙지 않도록 3~4번 정도 저어가며 11분 정도 익힌다.

4 채반에 삶은 파스타를 건진다.

2. 생파스타

[삶는 법]

*파스타 100g당 물 1L, 소금 10g이 기본이다. 기호에 따라 15g까지 넣어도 된다.

1 물에 소금을 넣고 끓인다.

2 생파스타에 붙은 밀가루나 세몰리나를 잘 털어서 넣는다.

3 1~2분 정도 익힌 뒤 파스타 국자로 조심스럽게 건진다.

3. 단계별 익힘 상태

건파스타

1단계 8분 조리
많이 딱딱하지만 파스타를 미리 삶아두어야 할 때의 상태다. 1단계로 익힌 파스타를 보관해두었다가 나중에 3분 정도 더 익히면 되기 때문에 시간이 절약된다. 레스토랑에서 준비 과정으로 활용하는 단계다.

2단계 11분 조리
일반적으로 말하는 알덴테al dente 단계다. 먹기 좋게 삶은 상태로 파스타가 잘 익고 가운데 쫀득한 심지가 남아 있다.

3단계 13분 조리
심지까지 완전히 익어서 부드러운 상태다. 알덴테가 딱딱하다고 느끼는 사람들에게 적합하고 어린이들이 먹기에도 부담스럽지 않다.

*건파스타는 펜네를 기준으로 익힘 상태를 표기했다. 그러나 파스타의 모양, 제조사에 따라 조리 시간이 다르기 때문에 파스타를 삶을 때는 구매한 제품 패키지에 표기된 시간을 지키는 것이 안전하다.

생파스타

생파스타는 두드러지는 익힘 단계가 없다. 말 그대로 생반죽이기 때문에 삶으면 바로 사용해야 한다. 반죽의 상태나 모양에 따라 다르지만 2분 정도 삶으면 알맞다.

1단계 1분 조리
삶은 뒤 팬에서 소스와 함께 볶아야 한다면 1분 정도만 익히는 것이 적당하다. 파스타의 심지가 ⅓정도 살아 있다.

2단계 2분 조리
따로 볶는 과정 없이 소스와 섞거나 부어서 먹는다면 2분 정도 익히면 된다. 파스타의 심지가 아주 가늘게 살아 있으며 건파스타보다 부드럽다.

*생파스타과 건파스타 모두 삶을 때 여러 번 부드럽게 저어주면 면이 붙는 것을 방지할 수 있다.

보관

1. 건파스타

삶지 않은 건파스타는 공기가 통하지 않는 밀폐용기나 지퍼가 달린 비닐백에 보관하고 직사광선을 피한다. 최대 2년까지 보관 가능하다. 삶은 파스타는 올리브유를 조금 뿌리고 섞은 뒤 밀폐용기에 1인분씩 소분하여 보관한다. 냉장고에서 3일 정도 보관 가능하다.

2. 생파스타

생파스타는 바로 삶지 않는다면 깨끗한 수건이나 행주를 물에 적시고 꼭 짜낸 뒤 파스타 위에 덮어서 마르는 것을 방지한다. 3일 정도는 냉장 보관이 가능하다. 3일이 지나면 다시 1인분씩 소분하여 냉동실에 보관한다. 최대 두 달 정도 두고 먹을 수 있다. 한 번 익힌 생파스타는 올리브유를 뿌려 섞은 뒤 밀폐용기에 1인분씩 소분하여 보관한다. 냉장고에서 하루 정도 보관 가능하지만 건파스타보다 식감이 금세 떨어지니 되도록 당일에 먹는 것이 좋다.

담기

쇼트파스타는 모양 자체에 개성이 있어서 특별하게 담지 않아도 되지만 롱파스타는 자칫 지저분하게 보일 수도 있다. 전문가처럼 근사하게 파스타를 담기 위한 방법을 소개한다.

1. 큰 원형

가장 일반적인 모양으로 모든 파스타에 적합하다. 위를 높고 둥글게 만들면 주변에 소스를 뿌리거나 파스타를 덮도록 부을 수도 있다. 크기가 큰 부재료를 파스타 위로 높이 올려주면 레스토랑 못지않은 플레이팅을 연출할 수 있다.

1 한 손으로는 그릇을 잡고 다른 한 손으로는 파스타를 집게로 잡은 뒤 그릇 가운데 위치한다.

2 파스타를 천천히 내리면서 그릇을 한 방향으로 돌려가며 모양을 잡는다.

3 마지막에 집게를 그릇 반대 방향으로 돌려 똬리를 틀 듯 파스타를 내려놓는다.

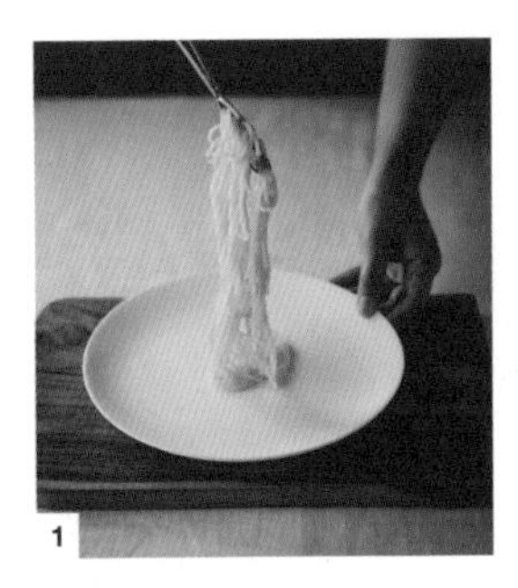
1

2

3

2. 럭비공 스타일

소스가 많은 파스타보다 소스가 적은 파스타에 효과적이다. 파스타 위에 소스를 부으면 모양이 부각되지 않으니 남은 소스는 파스타 주변에만 조금 흘려준다. 최근 많은 레스토랑에서 럭비공 모양으로 파스타를 플레이팅한다.

1 볶음용 긴 젓가락으로 비스듬히 최대한 넓게 파스타를 잡는다.
2~3 젓가락을 들지 않고 그대로 돌돌 말아 번데기 모양으로 만든다.
4 그대로 들어서 그릇에 모양대로 올린다.
5 젓가락을 천천히 뺀다.

3. 내추럴 스타일

그릇 바닥에 납작하게 놓는 모양으로 소스의 양이 적당할 때 어울린다. 부재료 역시 넓게 퍼뜨려서 자연스러운 느낌으로 연출한다. 오일소스보다는 토마토소스나 크림소스파스타를 연출할 때 더 효과적이다.

1~2 파스타를 집게로 조금씩 집어 그릇의 한쪽 끝에 올린다.
3 파스타를 자연스럽게 비스듬히 눕히며 내려놓는다.
4 파스타를 적당량 집어서 같은 방법으로 그릇 위에 올린다.
5 지그재그로 반복하며 놓으면서 빈 공간이 없도록 자연스럽게 채운다.

4. 파티용 둥근 원형

여러 사람이 모인 자리에서 조금씩 덜어 먹어야 할 때나 뷔페일 때 유용하다. 두 번 먹을 정도의 양을 국수 말듯이 돌돌 말아서 넓은 접시에 담으면 단정해 보이고 파스타를 뒤적일 일이 없어 깔끔하다. 소스의 양이 많은 파스타를 담는다면 소스용 서빙 스푼을 함께 준비한다.

1 파스타를 젓가락으로 조금씩 잡아 그릇의 가장자리에 올린다.

2~4 파스타를 내려놓고 돌돌 말아서 작은 원형을 만든다.

5 같은 방법으로 여러 개를 만든다.

집에서 만들기

생파스타는 건파스타와 완전히 다른 식감과 맛을 가지고 있습니다. 건파스타 같은 쫄깃함은 없지만 생파스타 특유의 투박하지만 정겨운 식감이 있어요. 달걀의 고소함도 느낄 수 있고요. 파스타소스는 만들기 어렵지 않습니다. 첨가물이 들어가지 않아서 가족을 위해, 특히 아이들을 위해서 좋습니다. 처음부터 많은 양을 만드는 것이 부담스럽다면 한 번 먹을 양만 만들면서 연습해보세요. 집에서 생파스타와 소스를 만드는 일은 쉽지 않지만 진정한 파스타 마니아라면 한 번쯤은 시도해볼 가치가 있습니다.

홈메이드 파스타

홈메이드 파스타의 가장 큰 장점은 원하는 대로 만들 수 있다는 것이다. 반죽에 채소즙이나 말차, 버섯가루, 트러플오일 등 원하는 향과 맛을 마음껏 넣어 자신만의 파스타를 실험해볼 수 있다. 아이들과 함께 놀이처럼 만들기에도 좋다. 다만 파스타를 얇게 밀기 위해서는 밀대보다 파스타 기계가 편하다. 또한 다양한 모양의 쇼트파스타를 만드는 데는 한계가 있다.

1. 에그파스타 반죽

일반적으로 건파스타는 달걀이 아닌 물로 반죽한다. 하지만 생파스타는 달걀로 반죽해서 맛이 더 진하고 고소하다. 어떤 밀가루를 사용하느냐에 따라 식감에도 차이가 있다. 밀가루로만 만든 파스타는 부드럽고 세몰리나를 많이 넣은 파스타는 더 거칠다. 취향에 따라 두 가지를 조절하여 만들면 좋다.

[재료](900g 기준)

중력분 350g
세몰리나 300g
소금 5g
달걀 6개
올리브유 30ml

[만드는 법]

1 중력분, 세몰리나, 소금을 체 쳐서 큰 볼에 담는다.
2 손으로 가운데를 눌러 우물처럼 만들고 달걀 1개를 깨뜨려 넣은 뒤 올리브유를 붓는다.
3 포크로 달걀과 가루류를 조금씩 천천히 섞는다.
4 반죽이 걸쭉한 죽처럼 뭉쳐지면 다음 달걀을 넣고 같은 방법으로 섞는다. 달걀을 다 넣을 때까지 반복한다.
5 반죽이 매끈해질 때까지 손으로 10~13분 정도 반죽한다.
6 랩으로 싼 뒤 냉장고에 넣고 30분 정도 휴지시킨다.

2. 비트파스타 반죽

에그파스타에 비트즙을 더했다. 반죽에 은은한 비트향이 나고 붉은색을 띈다. 토마토소스나 오일소스보다 크림소스와 잘 어울린다.

[재료](500g 기준)

중력분 200g
세몰리나 150g
소금 2g
달걀 3개
올리브유 12ml
비트즙 10ml

[만드는 법]

1 중력분, 세몰리나, 소금은 체 쳐서 큰 볼에 담고 손으로 가운데를 눌러 우물처럼 만들어서 달걀 1개를 깨뜨려 넣는다.
2 올리브유와 비트즙을 넣는다.
3 포크로 달걀과 가루류를 조금씩 천천히 섞는다.
4 반죽이 걸쭉한 죽처럼 뭉쳐지면 다음 달걀을 넣고 같은 방법으로 섞는다. 달걀을 다 넣을 때까지 반복한다.
5 반죽이 매끈해질 때까지 손으로 10~13분 정도 반죽한다.
6 랩으로 싼 뒤 냉장고에 넣고 30분 정도 휴지시킨다.

3. 말차파스타 반죽

에그파스타 반죽에 말차가루를 더했다. 탁한 녹색에 살짝 쌉싸름한 맛이 특징이다. 크림소스, 토마토소스와 잘 어울린다. 선명한 녹색의 파스타를 만들고 싶다면 시금치즙을 10ml 정도 넣고 반죽한다.

[재료](500g 기준)

중력분 200g
세몰리나 150g
말차 5g
소금 2g
달걀 3개
올리브유 12ml

[만드는 법]

1 중력분, 세몰리나, 말차, 소금은 체 쳐서 큰 볼에 담는다.
2 손으로 가운데를 눌러 우물처럼 만들고 달걀 1개를 깨뜨려 넣고 올리브유를 붓는다.
3 포크로 달걀과 가루류를 조금씩 천천히 섞는다.
4 반죽이 걸쭉한 죽처럼 뭉쳐지면 다음 달걀을 넣고 같은 방법으로 섞는다. 달걀을 다 넣을 때까지 반복한다.
5 반죽이 매끈해질 때까지 손으로 10~13분 정도 반죽한다.
6 랩으로 싼 뒤 냉장고에 넣고 30분 정도 휴지시킨다.

파스타 기계로 만들기

파스타 기계를 사용하면 균일한 두께로 파스타를 만들 수 있어 수월하다. 기계에 표시되어 있는 두께 번호(가장 두꺼운 5부터 가장 얇은 1까지) 순서대로 반죽을 밀면 된다. 반죽을 밀 때는 기계에 반죽이 붙지 않도록 밀가루나 세몰리나를 조금씩 뿌린다. 너무 얇은 면이 싫다면 두께 2에서 멈추고 파스타 모양을 만들어도 된다.

1. 스파게티

[재료](2인 기준)

비트 반죽 200g

[만드는 법]

1 휴지시킨 파스타 반죽을 2등분하여 손으로 납작하게 만든 뒤 반죽이 붙지 않도록 기계에 세몰리나를 뿌린다.

2 두께를 5로 맞추고 반죽을 여러 번 내린다. 펴진 반죽을 책을 접듯이 접어서 다시 내린다.

3 위의 과정을 여러 번 반복하여 반죽이 어느 정도 매끈하게 내려오면 두께를 1단계씩 낮추며 천천히 반죽을 민다.

4 두께가 2단계가 되면 반죽을 반으로 자른다.
*이 단계가 되면 반죽이 너무 길어서 다루기가 어렵기 때문이다.

5 두께 1에 맞춘 뒤 반으로 자른 반죽을 민다.

6 파스타 커터 부속품을 부착하고 다시 한 번 세몰리나를 뿌린 뒤 스파게티 커팅 툴을 장착한다. 반죽을 넣고 천천히 핸들을 돌리면 스파게티가 나온다.

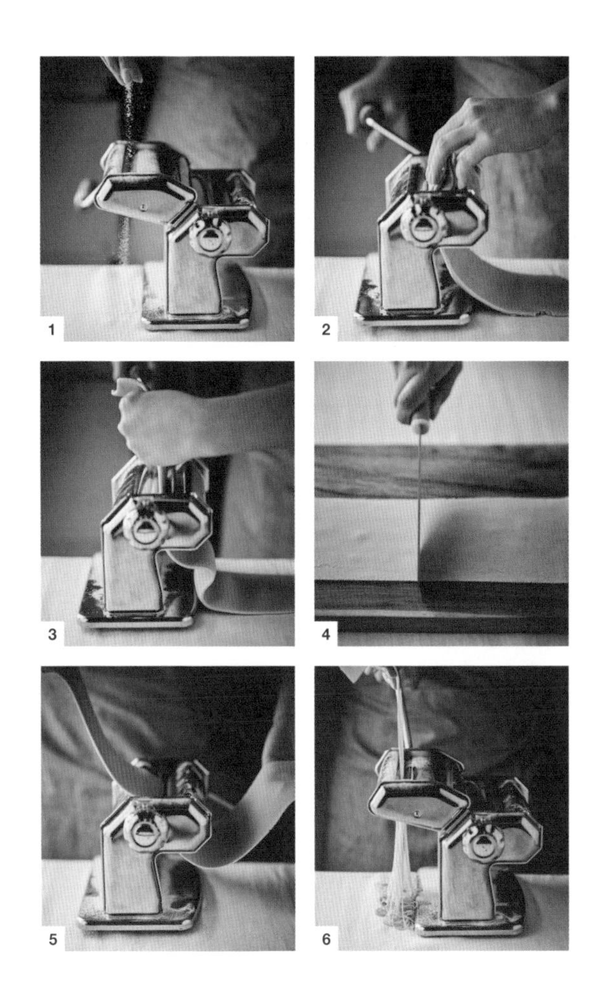

2. 페투치니

[재료](2인 기준)

말차 반죽 200g

[만드는 법]

1 휴지시킨 파스타 반죽을 2등분하여 손으로 납작하게 만들고 반죽이 붙지 않도록 기계에 세몰리나를 뿌린다.

2 두께를 5로 맞추고 반죽을 여러 번 반복하여 내린다.

3 펴진 반죽을 책을 접듯이 접어서 다시 내린다.

4 위의 과정을 여러 번 반복하여 반죽이 어느 정도 매끈하게 내려오면 두께를 1단계씩 낮추며 천천히 반죽을 민다.

5 두께가 2단계가 되면 반죽을 반으로 자른다.
* 이 단계가 되면 반죽이 너무 길어서 다루기가 어렵기 때문이다.

6 두께 1에 맞춘 뒤 반으로 자른 반죽을 민다.

7 파스타 커터 부속품을 부착하고 다시 한 번 세몰리나를 뿌린 뒤 페투치니 커팅 툴을 장착한다. 천천히 핸들을 돌리면 페투치니가 나온다.

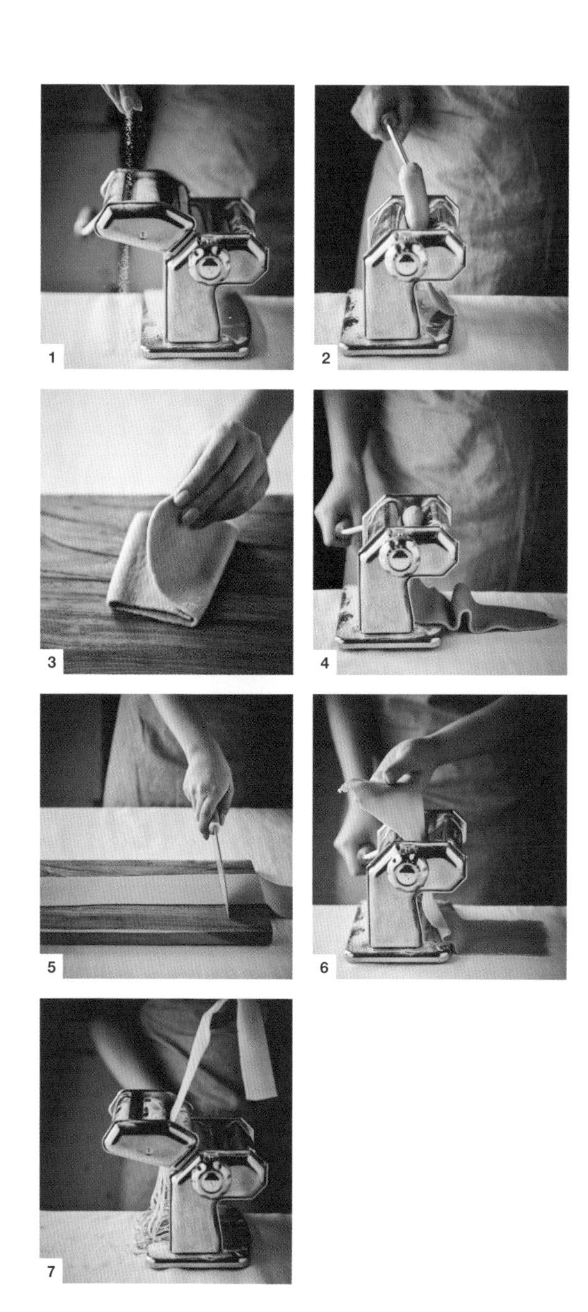

밀대로 만들기

밀대로 파스타 반죽을 밀면 기계처럼 얇고 균일하지는 않다. 최대한 얇게 미는 것 말고는 방법이 없다. 밀대의 길이가 길고 표면이 평평할수록 균일한 결과물이 나온다. 기계로는 롱파스타만 만들 수 있지만 손으로는 파르팔레, 라비올리 같은 쇼트파스타도 만들 수 있다. 손으로 민 파스타 반죽은 성형하는 과정에서 잘라내는 양이 있으니 원래 양보다 조금 더 계량하여 만들어도 된다.

1. 라자냐

[재료]

달걀 반죽 100g

[만드는 법]

1 휴지시킨 반죽을 4등분하고 손으로 납작하게 누른 뒤 두께가 0.1cm 정도 되도록 밀대로 민다.

2 15x9cm 크기의 직사각형으로 자른다.
*라자냐 1장의 무게는 20g 정도다.

3 젖은 면포를 덮고 휴지시킨다.

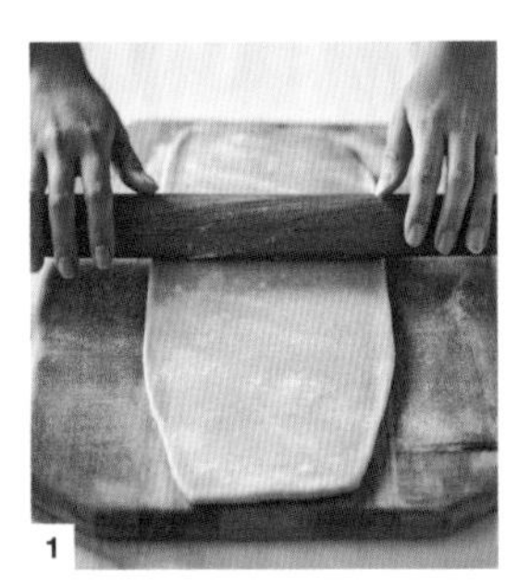

1

2

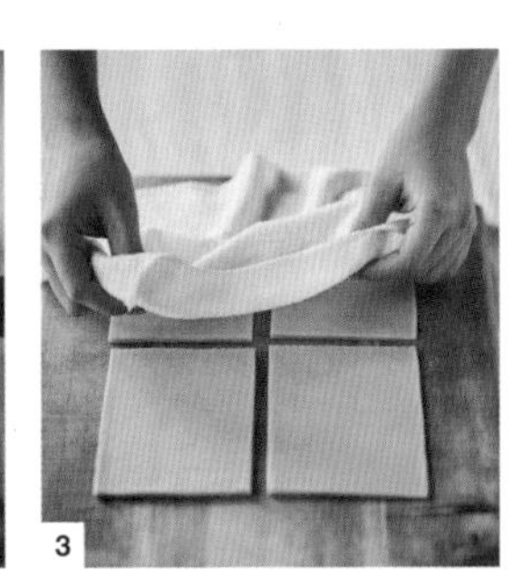

3

2. 라비올리

[재료]

달걀 반죽 100g

[만드는 법]

1 휴지시킨 반죽을 4등분하고 손으로 납작하게 누른 뒤 두께가 0.1cm 정도 되도록 밀대로 민다.

2 파스타 커터로 6x6cm 크기의 정사각형 16개를 만든다.
*라비올리 1장의 무게는 5g 정도다.

3 젖은 면포를 덮어 휴지시킨다.

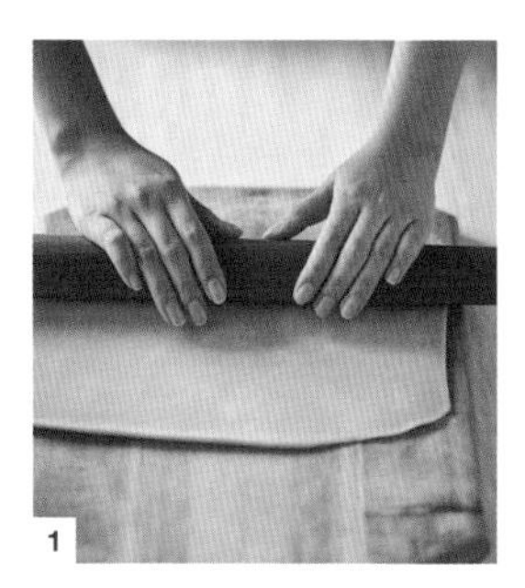

1

2

3

3. 파르팔레

[재료]

달걀 반죽 100g

[만드는 법]

1 휴지시킨 반죽을 4등분하고 손으로 납작하게 누른 뒤 두께가 0.1cm 정도가 되도록 밀대로 민다. 파르팔레는 20x8cm 크기의 반죽을 잘라 직사각형을 4장 만든다(한 장당 20g). 세로선은 칼로 매끈하게 자르고 가로선은 파스타 커터를 사용하여 4cm 간격으로 자른다.

*4x8cm 직사각형 5장

2 직사각형을 칼로 다시 4등분한다.

*4x2cm 4장

3 파스타 커터로 자른 면을 양끝으로 두고 가운데를 꼬집어 나비 모양을 만든다.

1

2

3

홈메이드 소스

홈메이드 소스는 안심하고 먹을 수 있지만 집에서 만들었기 때문에 보관 기간이 매우 짧다. 좀 더 안전하게 보관하기 위해서 소스를 담을 유리용기를 끓는 물로 소독하고 물기를 완전히 제거한 뒤 소스를 담아 보관한다. 만약 2~3일 안에 사용하지 않는다면 1~2인분으로 소분하여 냉동한다. 2주에서 한 달 정도 보관 가능하다.

1. 토마토소스

한국의 완숙 토마토는 토마토소스로 만들기에는 맛이 약한 편이다. 대신 더 달고 진한 방울토마토를 섞어서 사용하면 보완이 된다. 토마토 대신 같은 양의 홀토마토 캔을 사용해도 된다. 고기, 해물, 채소 등 모든 재료와 잘 어울린다.

[재료](1kg 기준)

완숙 토마토 1.5kg
방울토마토 1kg
양파 2개
마늘 3알
시나몬스틱 1개
월계수잎 2장
파프리카가루 15g
식초 ¼컵
설탕 ¼컵
소금 약간
후추 약간

[만드는 법]

1. 완숙 토마토와 방울토마토는 꼭지를 떼고 십자로 칼집을 낸다.
2. 토마토를 끓는 물에 넣고 30초 정도 데친 뒤 얼음물에 1분 정도 담가둔다.
3. 토마토 껍질을 깨끗이 제거한 뒤 완숙 토마토는 6등분하고 방울토마토는 그대로 둔다.
4. 양파는 반으로 자르고 6등분한다.
5. 냄비에 완숙 토마토, 방울토마토, 양파, 마늘, 시나몬스틱, 월계수잎, 파프리카가루를 넣고 센불에서 끓인다.
6. 소스가 끓으면 약불로 줄이고 뚜껑을 열고 1시간 정도 익힌다.
7. 식초, 설탕을 넣고 15~20분 정도 더 끓인다. 취향에 따라 소금, 후추로 간을 맞춘다.
8. 시나몬스틱와 월계수잎을 건진다.
9. 한 김 식힌 뒤 핸드블렌더로 곱게 간다.

1
2
3
4
5
6
7
8
9

2. 바질페스토

바질이나 다른 허브로 페스토를 만들 때 파슬리를 함께 넣으면 색도 진해지고 양도 늘릴 수 있다. 시금치 역시 맛에 큰 영향을 주지 않으면서 넣을 수 있는 좋은 재료다. 잣의 향이 너무 강하거나 느끼하다면 아몬드, 호두, 캐슈너트 등으로 대체할 수 있다.

[재료](300g 기준)

바질 60g
파슬리 30g
마늘 2알
잣 55g
파르메산 간 것 80g
올리브유 100ml
소금 약간
후추 약간

[만드는 법]

1. 마늘은 끓는 물에 넣고 1분 정도 데친 뒤 건진다. 팬을 중불로 달군 뒤 마른 상태에서 잣을 넣고 1분 정도 볶는다.
2. 바질, 파슬리, 마늘, 잣, 파르메산을 블렌더에 넣고 간다.
3. 올리브유를 넣고 한 번 더 곱게 간 뒤 소금, 후추로 간을 맞춘다.

1

2

3

3. 크림소스

크림소스는 팬에서 버터를 먼저 녹이고 마늘을 볶고 생크림을 끓여야 하지만 조금이라도 시간을 단축하고 싶다면 소스 재료를 모두 섞어두었다가 파스타를 만들 때 계량하여 사용한다. 편법이지만 맛에는 큰 차이가 없다. 단, 크림소스는 냉장고에서 하루 정도만 보관 가능하니 대량으로 만드는 것은 피한다.

[재료](400g 기준)

생크림 300ml
버터 녹인 것 50g
파르메산 간 것 80g
마늘 다진 것 15g
허브믹스 약간
소금 약간
후추 약간

[만드는 법]

1 냄비에 모든 재료를 넣고 중불에서 끓인다.
2 소스가 끓어오르면 약불로 줄이고 2분 정도 더 끓인다. 소금, 후추로 간을 맞춘다.

1

2

4. 레드페스토

시중에서 선드라이드토마토를 쉽게 구입할 수 있지만 집에서 만드는 것도 어렵지 않다. 오븐에서 구울 때 토마토가 타지 않도록 주의하면 된다. 각 가정의 오븐 성능에 따라 결과물의 차이가 있을 수 있으니 중간에 한 번씩 체크해준다.

[재료](300g 기준)

완숙 토마토 600g
올리브유 160ml
허브믹스 말린 것 약간
마늘 1알
아몬드 55g
로즈메리 1줄기
설탕 10g
소금 약간
후추 약간

[만드는 법]

1 완숙 토마토는 8등분한다.
2 베이킹트레이에 유산지를 깔고 완숙 토마토를 올린 뒤 올리브유 40ml와 허브믹스를 골고루 뿌린다.
3 100℃로 예열한 오븐에서 4시간 정도 말린다.
4 마늘을 끓는 물에 넣고 1분 정도 데친 뒤 건진다.
5 팬을 중불로 달군 뒤 마른 상태에서 아몬드를 넣고 1분 정도 볶는다.
6 말린 완숙 토마토, 마늘, 아몬드, 로즈메리, 설탕, 남은 올리브유를 블렌더에 넣고 곱게 간다. 소금, 후추로 간을 맞춘다.

1
2
3
4
5
6

5. 미트소스

미트소스는 어른뿐 아니라 아이들에게도 인기 있는 소스다. 다른 요리에도 활용하기 쉬워서 만들어두면 유용하다. 하지만 고기가 들어가 있어 다른 소스에 비해 보관 기간이 짧고 냉동 보관을 해도 일주일이 지나면 맛이 떨어지기 때문에 너무 많은 양을 한 번에 만드는 것은 추천하지 않는다.

[재료](600g 기준)

소고기 다진 것 300g
돼지고기 다진 것 200g
양파 ½개
마늘 다진 것 15g
토마토소스 500g(p.66 참고)
타임 말린 것 1g
오레가노 말린 것 1g
월계수잎 1장
올리브유 30ml
소금 약간
후추 약간

[만드는 법]

1 양파는 1cm 크기로 깍둑썰기 한다.
2 냄비를 중불로 달군 뒤 올리브유를 두르고 양파를 5분 정도 볶는다.
3 마늘을 넣고 1분 정도 더 볶는다.
4 소고기와 돼지고기를 넣고 7분 정도 으깨면서 익힌다.
5 나머지 재료를 모두 넣고 끓이다 소스가 끓어오르면 약불로 줄인 뒤 뚜껑을 연 채로 30분 정도 더 익힌다.
6 소금, 후추로 간을 맞춘다.

1
2
3
4
5
6

남은 소스 활용하기

파스타소스는 한꺼번에 많이 만드는 경우가 많습니다. 요리할 때는 편리하지만 정확하게 1인분씩 사용하지 않으니 결국 애매한 양이 남게 되지요. 파스타를 만들기에는 모자라고 버리기는 아까운 이 소스를 활용하는 방법은 의외로 다양합니다. 남은 소스를 활용하는 특별한 레시피를 찾아보세요.

샥슈카

칠리나초

바질페스토고구마구이

1. 토마토소스

제일 쉽고 만만한 소스예요. 토르티야에 바른 뒤 토핑을 올리면 간단하게 피자를 만들 수 있고, 밥을 지을 때 조금 섞으면 새콤한 향의 토마토라이스를 만들 수 있어요. 제가 가장 자주 활용하는 요리는 샤슈카입니다. 냉장고에 남은 채소를 작게 잘라 토마토소스에 넣고 달걀을 깨뜨려 오븐에 굽기만 하면 완성입니다. 이만큼 빨리, 맛있게 만들 수 있는 브런치는 없는 것 같아요.

활용 요리 토르티야피자, 피자토스트, 토마토라이스, 핫윙소스 등

샤슈카

[재료]

적파프리카 ½개
마늘 1알
토마토소스 250g(p.66 참고)
시금치 2줄기
달걀 2개
올리브유 10ml
파프리카가루 약간
큐민가루 약간
칠리플레이크 약간
소금 약간
후추 약간

[만드는 법]

1. 적파프리카는 줄기와 씨를 제거하고 0.5cm 두께로 길게 채 썰고 마늘은 얇게 저민다.
2. 중불로 달군 주물 팬에 올리브유를 두른 뒤 마늘을 넣고 2분 정도 볶다가 적파프리카를 넣고 1분 정도 더 볶는다.
3. 파프리카가루, 큐민가루, 칠리플레이크를 넣고 1분 정도 더 볶고 약불로 줄인 뒤 토마토소스를 넣고 소금, 후추로 간을 맞춘다.
4. 뿌리를 잘라낸 시금치를 넣고 한 번 섞어서 숨을 죽이고 달걀을 깨뜨려 올린다.
5. 뚜껑을 덮고 달걀흰자만 익도록 10~12분 정도 익힌다. 오븐을 사용할 경우 200℃로 예열한 뒤 윗칸에서 10분 정도 익힌다.

2. 페스토

페스토는 늘 애매한 양이 남습니다. 1인분을 정확하게 사용하고 싶지만 조금 더 먹고 싶은 욕심을 버리지 못하기 때문이지요. 조금 남은 페스토는 딥소스로 사용합니다. 채소스틱을 찍어 먹거나 빵을 찍어 먹었는데 그냥 먹는 것이 조금 아쉬웠어요. 그래서 레드페스토를 돈가스에 바른 뒤 모차렐라를 듬뿍 올려 오븐에 구웠는데 무척 별미였습니다. 돈가스소스보다 몇 배는 더 맛있어요. 바질페스토는 감자, 고구마를 구울 때 사용해보세요. 잘 구운 통감자, 통고구마에 사워크림, 바질페스토, 견과류 다진 것, 베이컨을 듬뿍 올리면 레스토랑 못지않은 근사한 메뉴가 완성됩니다.

활용 요리 돈가스 토핑, 육류 요리의 소스, 샌드위치 스프레드, 샐러드 드레싱, 수프, 빵의 토핑이나 스프레드 등

바질페스토고구마구이

[재료](2인 기준)

밤고구마 2개
잣 10g
베이컨 2줄
버터 20g
사워크림 70g
바질페스토 40g(p.68 참고)

[만드는 법]

1. 밤고구마는 깨끗이 씻어 물기를 제거하고 포일로 싼 뒤 180℃로 예열한 오븐에 1시간 정도 굽는다.
2. 팬을 중불로 달군 뒤 잣을 넣고 2분 정도 타지 않도록 볶은 뒤 따로 둔다.
3. 같은 팬에 베이컨을 넣고 약불에서 7~8분 정도 구운 뒤 종이타월에 올려 기름을 빼고 잘게 다진다.
4. 밤고구마는 길이로 반을 자른다. 이때 끝까지 자르지 않고 ⅔만 자르고 살짝 벌려준다.
5. 밤고구마 하나당 버터를 10g씩 올리고 오븐에서 5분 정도 굽는다.
6. 사워크림, 베이컨, 바질페스토, 잣을 각각 반씩 올린다.

3. 미트소스

미트소스는 사실 잘 남지 않지만 일부러 남기는 일이 종종 있어요. 남은 파스타를 잘게 잘라 미트소스와 섞은 뒤 골프공 모양으로 빚고 튀김옷을 입혀 튀기면 무척 맛있는 술안주가 되지요. 고기를 조금 더 넣고 소스를 진하게 만들어 햄버거 빵 사이에 올리면 죄책감이 들지만 멈출 수 없는 슬로피조sloppyjoe가 완성됩니다. 나초에 올려도 맛있어요. 나초 위에 미트소스를 올린 뒤 모차렐라와 파르메산을 아낌없이 뿌리고 오븐에 구워요. 과카몰리를 추가해도 좋지요.

활용 요리 미트볼파스타크로켓, 슬로피조, 미트파이, 핫도그, 미트소스파프리카구이 등

칠리나초

[재료](2인 기준)

나초칩 200g
미트소스 300g(p.72 참고)
모차렐라 다진 것 100g
파르메산 간 것 50g
아보카도 1개
레몬즙 10ml
칠리플레이크 약간
소금 약간
후추 약간

[만드는 법]

1. 미트소스에 칠리플레이크를 넣고 골고루 섞는다.
2. 오븐 접시나 트레이에 나초칩을 담고 그 위에 미트소스, 모차렐라, 파르메산을 뿌린다.
3. 180℃로 예열한 오븐에서 15분 정도 구워 치즈를 녹인다.
4. 아보카도는 과육만 발라내고 레몬즙, 소금, 후추와 함께 섞어 으깬 뒤 나초칩 위에 올린다.

4. 크림소스

크림소스는 많이 만들어두지 않아서 잘 남지는 않지만 만약 소스가 남았다면 활용할 수 있는 요리가 무척 많습니다. 노릇하게 구운 닭고기스테이크의 소스로 사용할 수 있고 버섯을 넣고 한 번 더 끓이면 스테이크소스로 활용할 수 있어요. 얇게 저민 감자에 크림소스를 넣고 치즈를 올려 구운 그라탕도 있어요. 소스의 양이 제법 많다면 쇼트파스타로 만드는 파스타베이크도 좋겠네요.

활용 요리 참치파스타베이크, 크림소스닭고기피자, 감자그라탕, 스테이크소스 등

콜리플라워구이와 바질페스토크림소스

[재료](2인 기준)

콜리플라워 1통
크림소스 100g(p.69 참고)
바질페스토 10g(p.68 참고)
파르메산 간 것 10g
올리브유 5ml
소금 약간
후추 약간

[만드는 법]

1 콜리플라워는 잎을 떼고 아랫부분을 조금 잘라 평평하게 만든 뒤 겉면에 올리브유를 골고루 바르고 소금, 후추를 뿌린다.
2 오븐 팬이나 주물 팬에 콜리플라워를 넣고 180℃로 예열한 오븐에서 25분 정도 굽는다.
3 작은 냄비에 크림소스를 넣고 중불에서 한 번 끓인 뒤 불을 끄고 바질페스토를 넣고 섞는다.
4 콜리플라워 위에 **3**의 소스를 뿌리고 파르메산을 올린다.
5 180℃로 예열한 오븐에서 7~8분 정도 더 굽는다.

Part2_ 초급

냉장고 속 재료, 마트에서 쉽게 구입할 수 있는 재료로 만드는 파스타입니다. 빠르게 완성할 수 있는 부담 없는 메뉴입니다.

토마토스파게티

tomato spaghetti

홈메이드 토마토소스를 미리 만들어두면 요리가 귀찮은 날에 간단하게 활용할 수 있습니다. 토르티야에 발라서 미니 피자를 만들거나 달걀만 넣으면 샥슈카를 만들 수도 있지요. 주물 냄비에 소스와 스튜용 고기를 넣고 푹 끓이면 토마토스튜도 금방 완성됩니다. 그래도 역시 토마토스파게티가 가장 만만하지요. 진하고 깊은 토마토소스와 부드러운 스파게티의 어울림은 입맛이 없을 때도 기분 좋은 메뉴입니다.

[재료]

스파게티 100g
토마토소스 250g(p.66 참고)
파르메산 약간
후추 약간

[만드는 법]

1 스파게티는 10분 정도 삶은 뒤 건진다.
2 팬에 토마토소스를 넣고 중불에서 데운다.
3 스파게티를 넣고 1분 정도 더 데운다.
4 파르메산을 필러로 얇게 저며서 올리고 후추를 뿌린다.

파르메산을 넣어 간을 맞춘다

치즈는 파스타의 간을 맞추는 중요한 재료다. 치즈에는 소금과는 다른 감칠맛이 있어서 치즈로 간을 맞추면 맛이 더 풍부해진다. 파르메산은 갈아서 넣어도 되지만 필러로 얇게 저미면 보기에도 좋고 식감도 풍부해진다.

방울토마토스파게티

cherry tomato spaghetti with tsuyu dressing

호주 유학 시절에 다양한 재료를 사서 요리에 도전하곤 했습니다. 일본식 파스타소스도 종종 구매했는데, 우메보시맛이 가장 기억에 남습니다. 우메보시소스의 양을 조절하지 못하면 너무 짜고 달았고 우메보시 특유의 향이 너무 강해서 맛있다고 할 수는 없었어요. 그래서 우메보시드레싱의 양은 줄이고 쯔유를 조금 넣어서 먹었는데 훨씬 맛의 밸런스가 훌륭했지요. 그때보다 더 맛있게 만들기 위해서 상큼한 방울토마토와 향긋한 깻잎을 더해보았습니다.

[재료]

스파게티 100g
방울토마토 10개
깻잎 2장
쯔유 30ml
올리브유 10ml
참기름 5ml
생강 다진 것 5g
후추 약간

[만드는 법]

1 스파게티는 11분 정도 삶은 뒤 건진다.
2 스파게티를 찬물에 헹구고 물기를 뺀다.
3 방울토마토는 끓는 물에 30초 정도 데치고 바로 찬물에 담근 뒤 껍질을 벗겨낸다.
4 큰 볼에 쯔유, 올리브유, 참기름, 생강, **3**의 방울토마토를 넣어 골고루 섞은 뒤 10분 정도 그대로 둔다.
5 스파게티를 넣고 후추를 뿌린 뒤 골고루 섞는다.
6 스파게티를 그릇에 담고 가늘게 채 썬 깻잎을 올린다.

방울토마토가 터지지 않도록 조심한다

쯔유드레싱과 방울토마토를 섞을 때 방울토마토가 터지지 않도록 조심해서 섞는다. 모양을 살려야 입에 넣었을 때 쯔유드레싱과 토마토즙이 입안에서 함께 터지는 맛을 제대로 느낄 수 있기 때문이다. 강한 맛에 익숙하다면 고수나 청양고추를 조금 넣어서 자신만의 드레싱을 만들어도 좋다.

알리오올리오스파게티

spaghetti aglio e olio

많은 사람들이 간단하다고 말하지만 맛있게 만들기는 쉽지 않은 까칠한 파스타입니다. 왜 그럴까요? 정답은 인내심이 필요하기 때문입니다. 마늘의 향이 올리브유에 깊게 배기 위해서는 약한 불에서 천천히 익혀야 합니다. 고작 5분의 시간이지만 이 시간이 인내심을 시험합니다. 시험을 무사히 통과했다면 성공이 코앞입니다. 페퍼론치노로 개운하면서 매콤한 맛을 주고 치즈로 감칠맛을 더하면 쉽고 간단한 알리오올리오스파게티가 완성입니다!

[재료]

스파게티 100g
마늘 3알
올리브유 50ml
페퍼론치노 2알
파르메산 간 것 20g
소금 약간
후추 약간

[만드는 법]

1 스파게티는 9분 정도 삶은 뒤 건진다.
2 마늘은 얇게 저민다.
3 팬을 약불로 달군 뒤 올리브유와 마늘을 넣고 5~6분 정도 노릇하게 익힌다.
4 페퍼론치노를 손으로 부수어 넣고 골고루 섞는다.
5 스파게티와 파르메산을 넣고 1분 정도 더 볶는다.
6 소금, 후추를 넣어 간을 맞춘다.

마늘은 천천히 익혀서 기름을 낸다

알리오올리오스파게티의 포인트는 마늘에서 기름을 잘 내는 것이다. 마늘이 타지 않게 최대한 약한 불로 천천히 익혀야 맛있는 마늘 기름을 만들 수 있다. 마음이 급해서 센불에 익히면 향을 얻기도 전에 마늘이 타버린다. 스파게티를 볶을 때 면수 30ml를 넣어서 섞어주면 좀 더 촉촉한 파스타를 만들 수 있다.

대파스파게티

spring onion spaghetti

언젠가부터 요리를 할 때 마늘보다 파를 더 많이 사용하게 되었습니다. 마늘은 강렬한 맛과 향으로 자신의 존재를 알리지만 파는 마늘보다 유연해서 많이 넣어도 부담스럽지 않거든요. 그래서 대파를 이용해 파스타를 만들어보았어요. 잘 익은 대파와 스파게티를 함께 씹으면 따뜻한 소스가 입안에서 퍼지지요. 하지만 은근히 냄새가 오래가니 다음 날 중요한 약속이 있다면 주의하세요.

[재료]

스파게티 100g
대파 1대
마늘 다진 것 10g
올리브유 20ml
페퍼론치노 3개
파르메산 간 것 30g
소금 약간
후추 약간

[만드는 법]

1 스파게티는 10분 정도 삶은 뒤 건진다.
2 대파는 반으로 자른 뒤 세로로 길게 4등분한 다음 길게 채 썬다.
3 팬을 중불로 달군 뒤 올리브유를 두르고 마늘을 넣어 1분 정도 볶는다.
4 대파와 페퍼론치노를 넣고 2~3분 정도 더 볶는다.
5 스파게티를 넣고 섞은 뒤 소금, 후추로 간을 맞춘다.
6 파르메산을 뿌린다.

대파는 길고 가늘게 자른다

보통 대파는 다지거나 어슷하게 잘라서 사용하지만 대파스파게티에 들어갈 대파는 길고 가늘게 손질한다. 파스타를 한입 먹으면 면과 가늘게 손질한 대파를 함께 먹을 수 있어서 색다를 뿐만 아니라 자칫 심심할 수 있는 파스타의 맛을 대파의 향과 식감으로 채워준다.

우유포트펜네

milk pot penne

이 레시피의 매력은 번거로운 과정 없이 주물 냄비에 모든 재료를 한 번에 넣고 끓이는 것입니다. 재료도 간단하고 파와 파슬리만 다지면 재료 손질도 끝이지요. 이런 메뉴야말로 요리를 잘하는 사람이나 못하는 사람이나 비슷한 맛을 낼 수 있습니다. 가끔은 멋진 셰프처럼 주물 냄비 하나로 맛있는 파스타에 도전해보세요.

[재료](2인 기준)

펜네 180g
버터 20g
우유 200ml
치킨스톡 150ml
· 치킨스톡 큐브 ½개
· 물 150ml
마늘 다진 것 15g
대파 ½대
파르메산 간 것 40g
파슬리 다진 것 5g
소금 약간
후추 약간

[만드는 법]

1 파는 0.5cm 너비로 둥글게 자른다.
2 냄비에 펜네, 버터, 우유, 치킨스톡, 마늘, 대파, 소금, 후추를 넣고 뚜껑을 닫는다.
3 센불에 5분 정도 끓이고 중불로 줄여 5분 정도 더 끓인다.
4 뚜껑을 열고 2분 정도 더 익힌다.
5 파르메산을 넣고 골고루 섞은 뒤 파슬리를 뿌린다.

냄비로 파스타를 만들 때는 국물을 충분히 넣는다

냄비 하나로 파스타를 만들 때는 국물을 넉넉히 부어야 한다. 센불에서 조리하기 때문에 국물을 충분히 넣어야 파스타가 제대로 익는다. 우유포트펜네는 치킨스톡과 우유를 사용했는데 적어도 파스타의 두 배 정도는 넣어준다. 두툼한 주물 냄비를 사용하면 열전도율과 압력이 좋아서 조리 시간을 단축할 수 있다.

카르보나라스파게티

spaghetti alla carbonara

요리를 본격적으로 배우기 전, TV 요리 프로그램에서 카르보나라를 만드는 모습을 본 적이 있습니다. 큰 충격이었어요. 그때까지 저는 생크림을 좋아하지 않아서 카르보나라를 좋아하지 않는다고 생각했는데, 제가 알던 카르보나라는 생크림파스타였던 것이지요. 진짜 카르보나라를 제대로 알지도, 먹지도 못했다는 것을 알았습니다. 새롭게 만난 카르보나라는 이전에 먹었던 것과는 하늘과 땅 차이였습니다. 부드러우면서 진한 맛에 바로 푹 빠져버렸어요.

[재료]

스파게티 100g
베이컨(두툼한 것) 50g
올리브유 15ml
달걀 2개
페코리노 60g
소금 약간
후추 약간

[만드는 법]

1 스파게티는 9분 정도 삶은 뒤 건진다.
2 베이컨은 0.2cm 너비로 가늘게 채 썬다.
3 작은 볼에 달걀, 페코리노, 소금, 후추를 넣고 골고루 섞는다.
4 팬을 중불로 달군 뒤 올리브유를 두르고 베이컨을 넣어 3~4분 정도 바삭하게 굽고 따로 둔다.
5 **4**의 팬에 스파게티를 넣고 1분 정도 볶은 뒤 불을 끈다.
6 **3**을 넣고 섞은 뒤 남은 열로 소스를 진득하게 익힌다.
7 파스타를 그릇에 담고 베이컨을 올린다.

달걀로 농도를 맞춘다

달걀로 소스의 농도를 맞춘다. 달걀은 한 개로 시작해서 하나씩 늘리면서 입맛에 맞는 농도를 찾아내는 것도 좋은 방법이다. 묽고 양이 많은 소스를 원한다면 달걀을 전부 넣고 진하고 끈적끈적한 소스를 좋아한다면 달걀노른자 한 개를 조금씩 넣으며 섞어서 소스를 만든다.

달걀피넛버터링귀네

fried egg and peanut butter linguine

인도네시아의 미고랭 라면은 세계적으로 인기 있는 면입니다. 만들기도 쉽고 가격도 저렴하고 조미료가 넉넉하게 들어가 있어서 입에 착착 감기지요. 호주 친구들도 이 제품을 무척 좋아했습니다. 이 라면에 자신만의 재료를 더해 더욱 특별하게 즐겼는데 친구 크리스티는 피넛버터를 넣었습니다. 한 번 맛보면 멈출 수 없는 피넛버터볶음면은 칼로리가 부담스럽지만 먹지 않고는 버틸 수 없을 만큼 고소하고 진합니다. 라면 속 조미료는 없지만 대신 피시소스와 마늘을 넣어 그 맛에 다시 도전해보았습니다.

[재료]

링귀네 100g
마늘 2알
달걀 1개
올리브유 20ml
피시소스 5ml
피넛버터 30g
설탕 5g
면수 50ml
레드페퍼 약간

[만드는 법]

1 링귀네는 10분 정도 삶은 뒤 건진다.
2 마늘은 얇게 저민다.
3 팬을 중불로 달군 뒤 올리브유 10ml를 두르고 달걀을 반숙으로 익힌다.
4 달걀프라이를 따로 빼둔 뒤 남은 올리브유를 두르고 마늘을 2분 정도 볶는다.
5 피시소스와 피넛버터, 설탕, 레드페퍼, 링귀네, 면수를 넣고 골고루 섞은 뒤 1분 정도 더 익힌다.
6 달걀프라이를 올린다.

달걀프라이로 진한 맛을 낸다

달걀프라이는 서니사이드업으로 만든다. 피시소스와 피넛버터로는 채워지지 않는 진한 맛을 달걀노른자가 완벽하게 채워주기 때문이다. 날달걀을 먹지 않는다면 달걀프라이를 충분히 익힌 뒤 마요네즈를 ½큰술(6~7g) 정도 넣어준다. 다 익힌 달걀노른자를 대신해 진한 맛을 채워준다.

노르마푸실리

fusilli alla norma

기본 토마토소스에 가지를 넣은 노르마파스타는 시칠리아 출신의 위대한 작곡가 벨리니를 기념하기 위해 만들었다고 합니다. 시칠리아 지방에서 주로 즐기는 메뉴로 원래의 레시피는 리코타를 넣고 가지를 소스에 푹 익힙니다. 하지만 이 레시피는 푹 익힌 물컹한 가지를 넣는 것이 아니라 큼직한 가지를 따로 구워서 곁들입니다. 가지의 맛이 더 진하게 느껴지는 색다른 파스타를 즐길 수 있어요. 보기에도 먹음직스럽지 않나요?

[재료]

푸실리 100g
마늘 1알
가지 ½개
올리브유 30ml
토마토소스 200g(p.66 참고)
파르메산 간 것 15g
오레가노 약간
소금 약간
후추 약간

[만드는 법]

1 푸실리는 11분 정도 삶은 뒤 건진다.
2 마늘은 얇게 저민다.
3 가지는 머리 부분을 잘라내고 세로로 길게 한 번, 가로로 한 번 잘라 4등분한다.
4 가지를 볼에 담아 소금을 뿌리고 섞은 뒤 1시간 정도 두어 쓴맛을 뺀다.
5 팬을 약불로 달군 뒤 올리브유 10ml를 두르고 마늘을 넣고 3~4분 정도 볶는다.
6 마늘을 건지고 남은 올리브유를 두른 뒤 가지를 넣어 한 면당 2분 정도 굽는다.
7 냄비에 토마토소스와 오레가노, 파르메산을 넣고 끓인다.
8 푸실리를 넣고 섞은 뒤 그릇에 담는다.
9 가지를 곁들이고 마늘을 뿌린다.

소금을 뿌려 가지의 쓴맛을 제거한다

가지에 소금을 뿌리는 이유는 쓴맛을 빼기 위해서다. 최근에는 가지 품종이 개량되어 쓴맛이 많이 나지는 않는다. 그래서 꼭 소금을 뿌릴 필요는 없지만 튀기거나 기름을 두르고 구울 때 이 과정을 거치면 조리한 뒤 가지에 기름이 뭉쳐 식감이 물컹해지는 것을 방지할 수 있다.

미트소스스파게티

meat sauce spaghetti

토마토소스를 만들어두었다면 미트소스에 도전해보는 건 어떨까요? 미트소스는 그때그때 사용할 만큼만 만드는 것이 좋습니다. 냉장고에 보관했다가 다시 끓이면 수분이 빠져서 재료를 조금 더 넣게 되고 간도 다시 맞추다 보면 결국 처음처럼 손이 가는 상황이 발생하기 때문이에요. 모든 음식이 그렇지만 미트소스는 한두 번 먹을 만큼만 만들어두기를 추천합니다.

[재료]

스파게티 100g
미트소스 250g(p.72 참고)
면수 15ml

[만드는 법]

1 스파게티는 10분 정도 삶은 뒤 건진다.
2 팬에 미트소스를 넣고 중불에서 데운다.
3 스파게티와 면수를 넣고 1분 정도 더 데운다.

미트소스에는 물을 넣지 않는다

미리 만들어둔 미트소스를 다시 데울 때는 물을 넣지 말고 홈메이드 토마토소스나 시판 소스를 넣어서 촉촉함을 더해준다. 원하는 농도가 되었다면 반드시 한 번 더 간을 체크한다. 소금보다 파르메산으로 간을 맞추면 더욱 진한 맛을 느낄 수 있다.

마르게리타푸실리

margherita cold fusilli

한여름에 자주 만들었던 차가운 파스타입니다. 특히 친구들이 놀러올 때면 항상 만들었는데 상큼하고 향긋한데다가 맛도 깔끔해서 모두들 좋아했습니다. 만들기가 쉬워서 친구들도 금방 배우고 이런저런 재료를 넣어 다양하게 응용하기도 했어요. 괜히 뿌듯한 마음이 들었지요. 상큼한 시트러스 향이 있는 화이트와인을 한 잔 곁들이면 그 순간만큼은 더위를 잊어버리게 됩니다.

[재료]

푸실리 100g
방울토마토 10개
보콘치니 10알
바질 5장
마늘 1알
올리브유 70ml
소금 약간
후추 약간

[만드는 법]

1 방울토마토는 반으로 자른다.
2 마늘은 칼로 눌러 살짝 으깬다.
3 방울토마토, 보콘치니, 바질, 마늘, 올리브유를 볼에 넣고 방울토마토에서 즙이 나오도록 누르면서 섞는다.
4 소금, 후추로 간을 맞추고 랩을 씌워 냉장고에서 1시간 이상 재운다.
5 푸실리는 12분 정도 삶은 뒤 건진다.
6 **4**에서 마늘을 꺼내고 푸실리를 넣어 골고루 섞는다.

방울토마토와 바질을 세게 으깬다

방울토마토와 바질 등을 섞을 때 세게 으깬다. 바질의 향과 토마토즙이 올리브유와 더 많이, 더 오래 섞일수록 소스가 진해지기 때문이다. 파스타를 삶은 뒤 찬물에 헹궈서 차가운 파스타로 즐겨도 좋고 뜨거운 상태에서 소스에 버무리면 보콘치니가 살짝 녹아서 좀 더 맛이 진득하다.

표고버섯바질페스토링귀네

basil pesto linguine with shiitake mushroom

좋은 재료로 잘 만든 바질페스토 한 병만 있으면 마음까지 든든해지지요. 그대로 파스타에 넣어도 되고 스프레드, 딥, 드레싱 등 다양한 요리에도 활용 가능합니다. 갑자기 집에 손님이 왔을 때도 바질페스토 하나면 간단한 안주 몇 가지는 뚝딱 만들 수 있어요. 가장 기본이 되는 바질페스토파스타에 취향에 맞는 버섯을 넣어보세요. 간단한 응용이지만 맛, 비주얼, 영양까지 훌륭한 파스타가 완성됩니다.

[재료]

링귀네 100g
바질페스토 60g(p.68 참고)
표고버섯 2개
올리브유 10ml
면수 15ml
소금 약간
후추 약간

[만드는 법]

1 링귀네는 10분 정도 삶은 뒤 건진다.
2 표고버섯은 얇게 저민다.
3 팬을 센불로 달군 뒤 올리브유를 두르고 표고버섯을 넣어 3~4분 정도 볶고 소금과 후추로 간을 맞춘다.
4 볼에 링귀네와 바질페스토, 면수를 넣고 섞는다.
5 접시에 파스타를 담고 표고버섯을 올린다.

표고버섯은 센불에서 굽는다

표고버섯을 볶을 때는 먼저 센불에서 굽다가 불을 줄여서 볶는다. 너무 자주 젓지 말고 볶아야 한다. 스테이크를 구울 때 육즙을 가두는 방법과 비슷한데, 센불에서 굽고 자주 섞지 않으면 수분이 빠져나가는 것을 막아주고 맛과 향도 더 풍부해진다.

로메인레드페스토링귀네

red tomato pesto linguine with romaine

선드라이드토마토를 듬뿍 갈아 만든 레드페스토에 버무린 파스타는 마치 신선한 토마토를 먹는 듯한 기분을 들게 합니다. 은은하게 느껴지는 아몬드의 맛과 아삭하고 청량한 로메인, 향긋한 파슬리까지 크게 한입 먹으면 든든한 샐러드를 먹은 것 같아 마음이 편해져요. 파스타 한 그릇을 배부르게 먹고 나면 항상 죄책감이 느껴졌는데 그런 마음까지 덜어주는 건강하고 가벼운 메뉴입니다.

[재료]

링귀네 100g
로메인 50g
레드페스토 70g
(p.70 참고)
파슬리 3g
레몬즙 5ml
올리브유 20ml
파르메산 간 것 약간
소금 약간
후추 약간

[만드는 법]

1 링귀네는 10분 정도 삶은 뒤 건진다.
2 로메인은 1cm 너비로 채 썰고 파슬리는 잎만 떼어낸다.
3 레드페스토를 볼에 담고 링귀네를 넣어 골고루 버무린다.
4 그릇에 로메인과 파슬리를 담고 레몬즙, 올리브유, 소금, 후추를 뿌린다.
5 **3**을 담고 파르메산을 뿌린다.

심플한 드레싱을 곁들인다

로메인을 채 썰 때는 꼭지 부분을 그대로 둔 상태에서 머리 부분부터 자른다. 잎이 움직이지 않아서 더 쉽게 손질할 수 있다. 로메인은 취향에 따라 다른 드레싱을 사용해도 되지만 올리브유와 레몬즙을 넣은 심플한 드레싱을 곁들여서 레드페스토와 어우러지도록 했다. 레몬즙 대신 와인비네거를 사용해도 되고 조금 더 강한 맛을 원한다면 발사믹식초나 매실액을 넣어도 좋다.

명란스파게티

salted cod roe spaghetti

명란처럼 어디에나 어울리는 재료가 또 있을까 싶습니다. 해마다 식재료도 유행이 있는데, 명란만큼은 유행과 상관없이 지금까지 전성기를 유지하고 있지요. 파스타를 만들 때는 이 매력적인 재료를 더욱 신중하게 골라주세요. 소스의 90% 정도가 명란이니 품질이 좋은 저염 명란을 사용하면 더 맛있습니다. 마지막에 달걀노른자를 올리면 명란의 매력이 더욱 돋보입니다.

[재료]

스파게티 100g
명란(저염) 60g
부추 6줄
마늘 1알
달걀노른자 1개
올리브유 30ml
설탕 약간
후추 약간

[만드는 법]

1 스파게티는 10분 정도 삶은 뒤 건진다.
2 명란은 반으로 자르고 칼등으로 알만 살살 모아둔다.
3 부추는 잘게 다지고 마늘은 얇게 저민다.
4 팬을 약불로 달군 뒤 올리브유를 두르고 마늘을 넣어 3분 정도 볶는다.
5 부추, 설탕을 넣고 1분 정도 볶은 뒤 스파게티, 명란을 넣어 골고루 섞는다.
6 그릇에 담고 달걀노른자를 올린 뒤 후추를 뿌린다.

명란이 따뜻할 정도로 섞는다

명란은 오랜 시간 센불에서 볶으면 알이 사방으로 튀고 금방 익어버려서 소스가 건조해진다. 마지막에 따뜻하게 데운다는 느낌으로 섞으면 촉촉한 명란소스를 완성할 수 있다. 올리브유를 15ml 정도 넣으면 더 녹진하고 부드러운 맛이 된다.

마늘종삼겹살페투치네

pickled garlic stems and pork belly cream fettuccine

마른 반찬이 애매하게 남으면 어떻게 처리해야 하나, 누구나 한 번쯤 고민했을 거예요. 특히 잘 숙성시킨 장아찌류는 맛이 잘 밴 양념을 버리기도 아깝고 그냥 둘 수도 없어서 난감할 때가 많아요. 하지만 장아찌 양념을 파스타소스로 활용하면 생각하지 못한 맛을 가진 퓨전소스가 탄생합니다. 마늘종, 깻잎, 명이 등 냉장고에 한두 가지쯤은 있는 장아찌를 활용할 기회입니다.

[재료]

페투치네 100g
삼겹살 슬라이스 80g
마늘종 장아찌 12개(5cm 길이)
마늘종 장아찌 간장 25ml
생크림 150ml
올리브유 10ml
소금 약간
후추 약간

[만드는 법]

1 페투치네는 10분 정도 삶은 뒤 건진다.
2 삼겹살은 1.5cm 너비로 자르고 소금, 후추로 밑간한다.
3 팬을 중불로 달군 뒤 올리브유를 두르고 삼겹살을 넣어 4~5분 정도 굽는다.
4 마늘종 장아찌와 마늘종 장아찌 간장을 넣고 2분 정도 익힌다.
5 생크림을 넣고 약불에서 2분 정도 더 데운다.
6 페투치네를 넣고 1분 정도 골고루 섞은 뒤 소금, 후추로 간을 맞춘다.

마늘종 장아찌 간장이나 양조간장을 사용한다

소스에 장아찌 간장을 넣으면 간도 맞고 삼겹살의 냄새까지 잡아준다. 집에 있는 마늘종이 새콤달콤한 맛이라면 취향에 따라 양조간장을 조금 넣고 맛을 맞춘다.

레몬루콜라링귀네

lemon and rucola linguine

호주 유학 시절 자주 만들던 파스타 리스트가 있습니다. 레몬루콜라링귀네도 그 리스트에 들어 있지요. 처음에는 루콜라도 넣지 않고 올리브유, 파르메산, 레몬즙, 레몬제스트만 넣고 먹었는데 그래도 충분히 맛있었어요. 가끔은 냉장고를 뒤져서 남은 재료를 넣기도 했는데 루콜라가 가장 맛이 좋았습니다. 새우, 게살, 아보카도, 아스파라거스, 주꾸미 등을 넣고 다양하게 응용해보세요.

[재료]

링귀네 100g
올리브유 70ml
레몬즙 30ml
파르메산 간 것 40g
루콜라 15g
소금 약간
후추 약간

[만드는 법]

1 링귀네는 11분 정도 삶는다.
2 올리브유, 레몬즙, 파르메산, 소금, 후추를 볼에 넣고 골고루 섞는다.
3 링귀네를 건져서 넣고 골고루 섞는다.
4 루콜라를 넣고 한 번 더 골고루 섞는다.

삶은 파스타를 소스에 바로 넣는다

이 메뉴는 삶은 파스타를 바로 소스에 넣는다. 파스타에 남아 있는 열이 소스 안의 파르메산을 녹여주면서 다른 재료와 골고루 섞이도록 도와주기 때문이다. 올리브유가 적다고 느낄 수 있지만 양이 조금만 많아져도 올리브유가 입 안에서 따로 돌기 때문에 주의해야 한다. 소스의 양을 늘리고 싶다면 올리브유와 함께 다른 재료도 조금씩 양을 늘려서 밸런스를 맞춘다.

페코리노후추스파게티

cacio e pepe spaghetti

이보다 더 간단한 파스타 요리가 있을까 싶을 정도로 최소한의 재료를 사용한 메뉴입니다. 치즈와 후추, 딱 두 가지만 있으면 되지요. 버터 대신 올리브유를 사용하거나 두 가지를 모두 사용하는 경우도 있습니다. 치즈 역시 페코리노와 파르메산을 섞어서 사용하기도 하고 하나만 넣기도 합니다. 이것저것 시도해본 결과 가장 마음에 드는 레시피를 소개합니다. 다양한 재료에 도전해서 취향에 맞는 파스타를 만들어보세요.

[재료]

스파게티 100g
버터 30g
후추 간 것 3g
면수 100ml
페코리노 50g

[만드는 법]

1 스파게티는 8분 정도 삶은 뒤 건진다.
2 팬을 약불로 달군 뒤 버터 15g을 녹이고 후추를 넣어 1분 정도 끓인다.
3 스파게티와 남은 버터를 넣고 골고루 섞은 뒤 약불로 줄인다.
4 면수를 넣고 2분 정도 더 끓인다.
5 굵은 강판에 간 페코리노 40g을 넣고 페코리노가 녹을 때까지 1분 정도 볶는다.
6 남은 페코리노를 뿌린다.

버터가 타지 않도록 주의한다

버터를 녹일 때는 조심해서 불을 조절해야 한다. 버터는 열을 많이 가하거나 오래 가하면 바로 타버리기 때문이다. 적당히 끓인 버터는 헤이즐넛버터 또는 브라운버터라고 부르는데 단순히 녹인 버터에 비해 견과류의 고소한 향이 훨씬 더 풍부하다.

훈제연어그린피파르팔레

smoked salmon and green pea farfalle

허브 중에서도 유독 딜을 편애합니다. 생선이 들어가는 요리를 만들 때는 더욱 그렇습니다. 시원하면서도 달콤한 딜의 향이 모든 생선과 잘 어울리고 가느다란 딜 몇 줄기만 있으면 훈제연어의 비린 맛까지 완벽하게 잡아줍니다. 그린피를 더하면 씹을 때 톡 터지는 달콤함이 훈제연어의 짭조름한 맛과 잘 어우러집니다.

[재료]

파르팔레 100g
훈제연어 슬라이스 5장
그린피 45g
딜 6줄기
마요네즈 70g
레몬즙 10ml
마늘 다진 것 5g
소금 약간
후추 약간

[만드는 법]

1 파르팔레는 12분 정도 삶은 뒤 건져서 찬물에 헹군다.
2 딜 4줄기는 다지고 훈제연어는 3cm 크기로 자른다.
3 그린피는 끓는 물에 넣어 30초 정도 데치고 찬물에 헹군 뒤 물기를 뺀다.
4 마요네즈, 레몬즙, 마늘, 딜, 소금, 후추를 볼에 넣고 골고루 섞는다.
5 훈제연어, 파르팔레, 그린피를 넣고 골고루 섞은 뒤 그릇에 담는다.
6 남은 2줄기의 딜을 잘게 찢어가며 뿌린다.

샐러드용 파스타는 찬물에 헹군다

파스타를 샐러드용으로 만들 때는 삶은 뒤에 찬물에 헹군다. 빨리 헹궈야 파스타가 쫄깃하고 오래 헹구면 파스타가 불어서 식감이 달라진다. 파스타를 미리 삶은 뒤 올리브유에 버무려 놓았는데 시간이 너무 지나서 붙어버렸다면 5초 정도 물에 헹구면 된다. 차가운 파스타일 때는 찬물, 따뜻한 파스타일 때는 면수를 사용한다.

아라비아타링귀네

linguine all'arrabbiata

아라비아타는 이탈리아어로 '화가 난'이란 뜻입니다. '화가 난 파스타'라니, 이름만 들어도 매울 것 같지요? 토마토소스에 칠리플레이크만 넣으면 아라비아타가 완성되지만 먹는 즐거움을 위해 다른 재료를 추가해도 좋아요. 손쉽게 냉장고에 있는 자투리 채소를 활용해 볼 것을 추천합니다. 매운맛을 좋아한다면 칠리플레이크의 양을 조절해서 조금 더 많이 '화가 난' 파스타를 만들어보세요.

[재료]

링귀네 100g
토마토소스 200g(p.66 참고)
홍고추 1개
느타리버섯 50g
주키니 80g
양파 ¼개
올리브유 15ml
칠리플레이크 2g
파르메산 간 것 약간
소금 약간
후추 약간

[만드는 법]

1 링귀네는 11분 정도 삶은 뒤 건진다.
2 홍고추는 얇게 어슷하게 자른다.
3 느타리버섯은 손으로 잘게 찢고 주키니는 0.2cm 너비로 둥글게 슬라이스하고 양파는 얇게 채 썬다.
4 팬을 중불로 달군 뒤 올리브유 5ml를 두르고 주키니를 넣어 노릇하게 굽고 따로 둔다.
5 같은 팬에 남은 올리브유를 두르고 양파를 2분 정도 볶는다.
6 칠리플레이크, 홍고추, 느타리버섯을 넣고 2분 정도 볶는다.
7 토마토소스를 넣고 끓인다.
8 링귀네, 파르메산, 소금, 후추를 넣고 골고루 섞은 뒤 그릇에 담고 주키니를 올린다.

주키니는 센불에서 빠르게 굽는다

주키니는 가지만큼 수분이 많은 채소다. 바삭하게 굽고 싶다면 기름을 적게 넣고 센불에서 빠르게 볶거나 구워야 한다. 또는 뜨거운 기름에 한 번 튀기면 조리한 뒤에도 바삭한 식감을 한동안 유지할 수 있다.

푸타네스카펜네

penne alla puttanesca

토마토소스에 올리브, 안초비, 케이퍼를 넣은 파스타입니다. 원래의 레시피는 다른 재료가 들어가지 않은 토마토 캔이나 파스타소스를 사용하지만 저는 홈메이드 토마토소스를 사용했습니다. 누구나 쉽게 구할 수 있는 토마토소스가 아니기 때문에 더 맛있는 것 같아요. 개성이 살아 있는 홈메이드 토마토소스로 매력적인 맛의 푸타네스카에 도전해보세요.

[재료]

펜네 100g
토마토소스 200g(p.66 참고)
안초비 2쪽
마늘 1알
블랙올리브 8알
케이퍼 7알
올리브유 15ml

[만드는 법]

1 펜네는 11분 정도 삶은 뒤 건진다.
2 마늘은 얇게 저미고 블랙올리브는 반으로 자른다.
3 팬을 중불로 달군 뒤 올리브유를 두르고 마늘을 넣어 2~3분 정도 노릇하게 볶는다.
4 안초비를 넣고 으깨면서 1분 정도 볶는다.
5 토마토소스, 블랙올리브, 케이퍼를 넣고 한 번 끓인다.
6 펜네를 넣고 골고루 섞는다.

안초비는 뜨거운 기름에 넣는다

뜨겁게 달군 기름에 안초비를 넣으면 쉽게 으깨지고 잘 녹는다. 이렇게 만든 안초비 기름은 감칠맛이 풍부하고 토핑으로 사용했을 때보다 염도가 높기 때문에 간에 더 신경을 써야 한다.

트러플크림페투치네

truffle cream fettuccine

호주 유학 시절에 자주 만든 파스타로 재료가 매우 간단합니다. 부재료를 살 시간도, 여유도 없었기 때문에 기본 재료로만 맛을 내고자 노력하다 보니 얻게 된 결과입니다. 그 와중에 트러플오일로 풍미를 살렸던 것을 보면 입맛은 변치 않는 것 같아요. 아직까지도 즐겨 만드는 파스타입니다. 그때의 추억과 함께 맛 또한 여전하기 때문이지요.

[재료]

페투치네 100g
생크림 150ml
달걀 1개
트러플오일 5ml
페코리노 간 것 50g
면수 15ml
후추 약간

[만드는 법]

1 페투치네는 10분 정도 삶은 뒤 건진다.

2 생크림, 달걀, 트러플오일, 페코리노, 후추를 볼에 넣고 골고루 섞는다.

3 뜨거운 페투치네를 팬에 넣고 **2**와 면수를 넣고 섞는다.

4 아주 약한 불에서 소스가 걸쭉해질 때까지 1분 정도 데운다.

약한 불에서 조리해야 멍울이 생기지 않는다

팬에 파스타와 소스를 넣고 데울 때는 아주 약한 불에서 조리해야 한다. 열이 조금만 세거나 조리 시간이 길어지면 소스 안의 달걀이 익어서 스크램블드에그처럼 멍울이 생긴다. 소스에 멍울이 생기면 다시 만들어야 하니 주의한다.

미소두부페투치네

miso butter and tofu fettuccine

미소는 은은한 단맛이 있는 된장으로 우리의 된장만큼 개성이 강하지 않아 다른 재료와 무난하게 잘 어우러집니다. 버터를 넣어 미소의 맛을 부드럽게 만들어주고 두부크럼블로 식감을 더하면 적당한 단맛과 짠맛이 어우러지는 파스타가 완성됩니다. 여기에 생크림을 넣으면 부드러움이 배가됩니다.

[재료]

페투치네 100g
두부 ¼모
미소 25g
버터 15g
올리브유 30ml
쪽파 다진 것 5g
통깨 약간
소금 약간
후추 약간

[만드는 법]

1 페투치네는 9분 정도 삶은 뒤 건진다.
2 두부는 잘게 으깬다.
3 팬에 올리브유 5ml를 두르고 두부를 넣어 수분이 날아가도록 12분 정도 볶고 소금, 후추로 간을 맞춘다.
4 통깨를 넣고 섞은 뒤 덜어둔다.
5 팬을 약불로 달군 뒤 미소와 버터, 남은 올리브유를 넣고 데운다.
6 페투치네를 넣고 1분 정도 볶는다.
7 페투치네를 그릇에 담고 쪽파와 **3**의 두부크럼블을 올린다.

두부는 수분이 없어질 때까지 볶는다

두부의 수분을 날려서 바삭하게 만드는 것이 포인트다. 두부크럼블을 만들 때는 기름을 많이 두르지 않고 볶는다. 두부를 으깨기 전 종이타월에 30분 정도 올려두면 물기가 빠져서 두부크럼블이 더 빨리 완성된다.

참치레몬파르팔레

tuna and lemon farfalle

소풍이나 점심 도시락 메뉴로 적당한 파스타입니다. 재료에 수분이 거의 없어서 시간이 지나도 붇지 않고 참치의 오일과 올리브유 덕분에 파스타끼리 붙지도 않습니다. 차가운 파스타로 만들고 싶다면 레시피는 더욱 간단합니다. 삶아서 찬물에 헹군 파스타와 다른 재료를 큰 볼에 넣고 섞기만 하면 완성! 취향에 따라 가벼운 콜드파스타와 진한 핫파스타를 선택해 보세요.

[재료]

파르팔레 100g
참치 캔 150g
레몬즙 15ml
올리브유 20ml
마늘 다진 것 10g
파슬리 다진 것 10g
면수 30ml
소금 약간
후추 약간

[만드는 법]

1 파르팔레는 11분 정도 삶은 뒤 건진다.
2 참치는 체에 밭쳐 기름을 뺀다.
3 팬을 중불로 달군 뒤 올리브유를 두르고 마늘을 1분 정도 볶는다.
4 참치, 레몬즙, 파슬리를 넣고 1분 정도 더 볶는다.
5 파르팔레와 면수를 넣고 소금, 후추로 간을 맞춘 뒤 빠르게 섞는다.

간을 맞추기 위해 면수를 사용한다

오일을 베이스로 하는 소스를 만들 때 면수는 중요한 역할을 한다. 오일만으로는 해결되지 않는 수분을 해결해주기 때문이다. 파스타를 삶은 물이라 전분기와 간이 배어 촉촉함을 주고 간을 맞추기에 적당하다. 입안에서 부드럽게 감기는 오일소스를 만들고 싶다면 먼저 좋은 면수를 준비해두자.

햄브로콜리링귀네

ham and broccoli linguine

이 파스타를 처음 만든 건 친구의 아이들을 위해서였어요. 햄과 소시지, 브로콜리를 넣었는데도 아이들이 좋아하지 않아서 무척 아쉬웠지요. 결국 소금, 후추, 청양고추를 추가해 어른들을 위한 안주로 변형했습니다. 대신 아이들을 위해서는 햄, 소시지를 많이 넣고 브로콜리는 다지는 수준으로 잘라 넣어 다시 만들었지요. 아이들보다 어른들이 좋아했던 그 맛을 재현했습니다.

[재료]

링귀네 100g
햄 50g
아스파라거스 2개
브로콜리 ¼개
페퍼론치노 5개
올리브유 20ml
설탕 약간
소금 약간
후추 약간

[만드는 법]

1 링귀네는 9분 정도 삶은 뒤 건진다.
2 햄은 1cm 크기의 큐브 모양으로 자른다.
3 아스파라거스는 질긴 끝부분을 2cm 정도 잘라내고 나머지는 1cm 너비로 자른다.
4 브로콜리는 송이 부분만 작게 잘라낸다.
5 팬을 중불로 달군 뒤 올리브유를 두르고 햄과 손질한 채소를 넣어 2~3분 정도 노릇하게 볶는다.
6 링귀네, 페퍼론치노 부순 것, 설탕을 넣고 소금과 후추로 간을 맞춘 뒤 1분 정도 더 볶는다.

햄을 먼저 볶고 채소를 볶는다

햄과 채소를 볶을 때는 햄을 먼저 볶고 채소를 볶는다. 햄에서 나온 기름이 채소에 감칠맛을 더해주기 때문이다. 채소를 볶기 전 끓는 물에 햄을 넣어 1분 정도 데쳐서 물기를 뺀 뒤 볶으면 좀 더 식감이 부드럽다.

Part3_ 중급

재료와 소스의 조합으로 색다른 맛을
낼 수 있는 메뉴입니다. 늘 먹는 파스타가
지겨울 때 색다르게 즐겨보세요.

감자바질페스토로텔레

potato soup rotelle with basil pesto

이상하게도 뜨거운 감자수프는 아무리 식혀도 잘 식지 않고 먹을 때마다 뜨거워서 깜짝 놀라게 되지 않나요? 토마토를 넣은 수프를 가장 좋아하지만 추운 겨울이 오면 마음까지 뜨거워지는 든든한 감자수프를 한 번씩 만듭니다. 겨울이면 생각나는 감자수프를 파스타수프로 만들어보았습니다. 든든하면서도 따뜻한 한 그릇이 생각날 때 추천하는 요리입니다.

[재료]

로텔레 80g
바질페스토 20g(p.68 참고)
감자 2개
양파 ½개
시금치 2뿌리
버터 15g
치킨스톡 250ml
· 치킨스톡 큐브 1개
· 물 250ml
우유 200ml
소금 약간
후추 약간

[만드는 법]

1 로텔레는 6분 정도 삶은 뒤 건진다.
2 감자는 1cm 크기의 큐브 모양으로 자르고 양파는 잘게 다진다.
3 시금치는 씻어서 물기를 털고 먹기 좋게 가닥가닥 뜯어둔다.
4 냄비를 중불로 달군 뒤 버터를 녹이고 감자와 양파를 넣어 7분 정도 볶는다.
5 우유와 치킨스톡을 넣고 끓어오르면 약불로 줄여 10분 정도 뭉근하게 익힌다.
6 로텔레를 넣고 6~7분 정도 더 끓인다.
7 바질페스토와 시금치를 넣고 소금, 후추로 간을 맞춘다.

시판 치킨스톡을 사용한다

집에서 치킨스톡을 만들려면 살을 모두 발라낸 닭 한 마리의 뼈, 다양한 허브, 채소 등을 넣고 오래 끓여야 하는데 닭뼈를 구하거나 발라내기가 쉽지 않으므로 가루 또는 큐브형 치킨스톡을 사용하면 편리하다. 큐브나 가루형 모두 5g(큐브 1개 또는 1작은술)에 물 250ml의 비율로 섞으면 적당하다.

아보카도크림소스파파르델레

avocado cream sauce pappardelle

아보카도는 매력적인 재료입니다. 마트에 가면 딱딱한 아보카도가 산처럼 쌓여 있습니다. 그나마 말랑한 것을 골라서 빨리 숙성시키기 위해 이런저런 방법을 사용해봅니다. 햇빛 아래 보관하고 밀가루 안에 넣어놓기도 하고 쌀독에 묻어두기도 하고 사과나 바나나와 함께 두기도 하지요. 하루 이틀 차이는 있지만 모두 효과가 있습니다. 이렇게 공들여 숙성시킨 아보카도는 크림소스를 만들기에 완벽합니다. 생크림을 넣지 않아도 충분히 고소하지요.

[재료]

생파파르델레 100g
완두순 7g
소금 약간
후추 약간
아보카도크림소스
· 아보카도 ½개
· 고수 15g
· 파슬리 10g
· 아몬드 10g
· 파르메산 간 것 30g
· 면수 30ml
· 레몬즙 15ml
· 마늘 다진 것 5g
· 소금 약간
· 후추 약간

[만드는 법]

1 기름을 두르지 않은 팬을 중불로 달군 뒤 아몬드를 넣고 1분 정도 볶는다.
2 아보카도는 반으로 자른 뒤 씨를 뺀다.
3 블렌더에 면수, 소금, 후추를 제외한 아보카도크림소스 재료를 모두 넣고 곱게 간다.
4 면수를 넣어 농도를 맞추고 소금, 후추로 간을 맞춘다.
5 파파르델레는 2분 정도 삶은 뒤 건진다.
6 뜨거운 파파르델레와 완두순을 볼에 넣고 섞어 완두순의 숨을 죽인다.
7 아보카도크림소스를 넣고 골고루 섞는다.

아보카도크림소스는 곱게 간다

아보카도크림소스는 블렌더에 갈아서 간단하게 만든다. 조금 더 부드럽게 만들고 싶다면 견과류는 생략해도 된다. 파슬리와 고수 대신 바질이나 민트를 사용하거나 파르메산 대신 페코리노나 페타 등을 활용해도 된다. 완두순은 일반 마트에서는 구하기 쉽지 않다. 완두순을 구하지 못했다면 나물류를 사용한다. 봄에 나오는 돌미나리, 달래, 봄동, 쑥 등 제철 나물의 향긋함이 고수가 들어간 소스와 잘 어울리고 아삭한 식감도 더할 수 있다.

미트볼링귀네

linguine with meatball

한입 베어 물면 입안에서 육즙이 터지는 뜨거운 미트볼! 보통 미트볼을 이렇게 상상하곤 하지요. 하지만 막상 만들어보면 생각보다 퍽퍽한 느낌에 놀라게 됩니다. 오래 익혔나 싶어 시간을 조절해도 크게 달라지는 것은 없습니다. 그 고민을 제이미 올리버Jamie Oliver가 해결해 주었습니다. 밀가루 대신 크래커를 넣었더니 최고의 미트볼이 탄생했어요. 역시 하나의 아이디어가 요리를 진화시키네요.

[재료]

생링귀네 120g
소고기(다짐육) 150g
라이스크래커 3개
달걀 ½개
토마토소스 300g(p.66 참고)
올리브유 15ml
마늘 다진 것 10g
디종머스터드 5g
오레가노 말린 것 약간
바질 말린 것 약간
파르메산 간 것 약간
소금 약간
후추 약간

[만드는 법]

1 라이스크래커는 손으로 잘게 부순다.
2 소고기, 라이스크래커, 달걀, 마늘, 디종머스터드, 오레가노, 바질, 소금, 후추를 볼에 넣고 반죽한다.
3 **2**의 미트볼 반죽을 3개(60g 정도)로 나누어 둥글게 빚은 뒤 랩을 씌우고 냉장고에서 30분 정도 숙성시킨다.
4 팬을 중불로 달군 뒤 올리브유를 두르고 미트볼을 굴려가며 8~10분 정도 굽는다.
5 토마토소스를 넣고 2분 정도 더 익힌다.
6 링귀네는 2분 정도 삶은 뒤 건진다.
7 링귀네, 토마토소스, 파르메산을 골고루 섞어 그릇에 담고 미트볼을 올린다.

라이스크래커를 넣어 촉촉하게 만든다

미트볼을 촉촉하게 만들기 위해 라이스크래커를 넣는다. 잘게 부숴서 넣어야 씹을 때 부담스럽지 않다. 라이스크래커를 넣고 너무 오래 치대지 말고 잘 뭉쳐질 정도로만 반죽하면 미트볼이 한층 더 부드러워진다. 라이스크래커 대신 오트밀이나 쌀가루를 사용해도 된다.

홍합스튜스파게티

mussel and tomato stew spaghetti

요즘 레스토랑이나 펍에서 조개찜이나 홍합찜을 쉽게 볼 수 있지요. 좋아하는 메뉴를 먹을 수 있어 반갑지만 찜을 다 먹고 난 뒤에 소스가 많이 남아 아쉬웠어요. 이 소스를 빵과 먹으면 맛있잖아요. 직접 만들어 먹으면 아쉬움 없이 파스타와 빵을 추가할 수 있지요. 이 메뉴에는 시판 토마토소스를 사용하는 것이 좋습니다. 홈메이드 토마토소스에 들어가는 향신료가 홍합의 맛을 방해할 수 있기 때문입니다.

[재료](2인 기준)

스파게티 170g
홍합 300g
크러시드토마토 캔 400g
물 100ml
양파 ½개
마늘 4알
청고추 1개
홍고추 1개
화이트와인 100ml
버터 40g
로즈메리 4줄기
타임 말린 것 약간
소금 약간
후추 약간

[만드는 법]

1. 스파게티는 10분 정도 삶은 뒤 건진다.
2. 홍합은 흐르는 물에 씻고 수염이 밖으로 나온 것들은 당겨서 제거한다. 입이 벌어진 것은 사용하지 않는다.
3. 양파는 다지고 마늘은 얇게 저민다.
4. 청고추, 홍고추는 어슷하게 썬다.
5. 냄비를 중불로 달군 뒤 버터를 녹이고 양파를 넣어 3분 정도 볶는다.
6. 마늘, 청고추, 홍고추, 타임을 넣고 2분 정도 볶는다.
7. 화이트와인을 넣고 2분 정도 끓인다.
8. 크러시드토마토와 물을 넣고 끓어오르면 홍합과 로즈메리를 넣고 뚜껑을 닫아 5분 정도 더 익힌다.
9. 스파게티를 넣고 소금, 후추로 간을 맞추고 1분 정도 더 익힌다.

화이트와인은 파스타의 풍미를 더해준다

양파, 마늘, 고추 등을 볶을 때 조금 타거나 눌어붙는다고 걱정하지 말자. 화이트와인이 끓으면서 잔여물을 끌어올려준다. 화이트와인이 냄비 바닥을 헹구는 역할을 하면서 처음에 볶은 재료들의 맛과 어우러져 소스가 더 진해진다.

바지락감태크림소스탈리아텔레

tagliatelle with clam and seaweed cream sauce

요즘에는 매력적인 식재료들이 참 많아요. 하나하나 쫓아가기 벅찰 정도지만 가끔은 예상하지 못한 재료를 발견하기도 해요. 감태도 바로 그런 재료입니다. 감태를 요리에 넣으면 시각적으로는 강렬하지 않지만 그 안의 깊은 바다향은 그 어떤 해조류 못지않습니다.

[재료]

탈리아텔레 100g
바지락 200g
감태 1장(22x22cm)
생크림 300ml
청양고추 1개
소금 약간
후추 약간

[만드는 법]

1 바지락은 해감한 뒤 씻는다.
2 탈리아텔레는 11분 정도 삶은 뒤 건진다.
3 팬을 약불로 달군 뒤 마른 상태에서 감태를 넣고 한 면당 10초 정도 굽고 손으로 잘게 부순다.
4 청양고추는 가늘고 어슷하게 자른다.
5 냄비에 바지락, 생크림, 청양고추를 넣고 끓이다가 생크림이 끓어오르면 약불로 줄이고 5분 정도 뭉근하게 익힌다.
6 감태를 넣고 1분 정도 더 익힌다.
7 탈리아텔레를 넣고 소금, 후추로 간을 맞추고 골고루 섞는다.

감태는 살짝 구워서 사용한다

감태는 원래 김을 굽듯이 기름과 소금을 발라서 굽지만 파스타, 국물 요리 등에 사용할 때는 그대로 넣거나 마른 팬에 살짝 구워서 사용한다. 감태를 한 번 구우면 비린 맛이 덜하고 한층 더 고소해지며 가루로 만들기도 쉽다.

골뱅이고르곤졸라크림소스푸실리

pan fried sea snail fusilli with gorgonzola cream sauce

"골뱅이를 파스타에 넣으면 어떨까?"라는 말을 들었을 때는 확신이 없었어요. 골뱅이는 무침이 어울린다는 생각이 컸던 것 같아요. 하지만 프랑스의 유명 요리인 에스카르고도 골뱅이와 비슷한 맛의 달팽이를 크림소스에 넣어서 만들기도 하잖아요? 궁금한 마음에 새로운 메뉴에 도전해보았는데 웬걸, 너무 맛있어서 주변 사람들에게도 인기 1위 메뉴가 되었어요. 조금 색다른 골뱅이 요리에 도전해보고 싶다면 자신 있게 이 파스타를 추천합니다.

[재료]

푸실리 100g
골뱅이 캔 80g
생크림 400ml
고르곤졸라 30g
버터 20g
파르메산 간 것 20g
파슬리 다진 것 5g
소금 약간
후추 약간

[만드는 법]

1 푸실리는 12분 정도 삶은 뒤 건진다.
2 깊이가 있는 팬에 생크림을 넣고 중불에서 10분 정도 끓이면서 졸인다.
3 약불로 줄이고 고르곤졸라, 파르메산, 파슬리, 소금, 후추를 넣고 골고루 섞으면서 녹인다.
4 골뱅이는 반으로 자른다.
5 팬을 중불로 달군 뒤 버터를 녹이고 골뱅이를 넣어 2~3분 정도 노릇하게 굽는다.
6 **3**의 고르곤졸라크림소스에 푸실리와 골뱅이를 넣고 골고루 섞는다.

골뱅이는 튀기듯 볶는다

골뱅이를 버터에 구우면 고소하고 감칠맛이 있지만 고르곤졸라소스까지 더하면 느끼할 수도 있다. 골뱅이를 30분 정도 생수에 담가서 조미액의 맛을 빼고 버터 대신 올리브유에 튀기듯 볶으면 식감이 좋고 맛도 더욱 담백하다.

알감자발사믹드레싱푸실리

fusilli with roasted baby potato and balsamic dressing

허브, 소금, 후추를 넣은 알감자와 잘 구운 적양파는 냄새만 맡아도 침이 고일 만큼 매력적인 조합입니다. 남동생이 무척 좋아하는 메뉴라서 한 번에 5~6인분을 만들지요. 고소한 알감자와 새콤하고 진한 발사믹소스가 어우러져서 질리지 않고 모자라는 단백질은 돼지고기가 보충해주니 한 끼 식사로도 든든합니다.

[재료]

푸실리 100g
돼지고기(다짐육) 150g
알감자 6알
미니 파프리카 5개
적양파 ⅓개
발사믹식초 30ml
올리브유 20ml
꿀 5g
마늘 다진 것 5g
타임 말린 것 2g
바질 말린 것 2g
타임 2줄기(장식용)
설탕 약간
소금 약간
후추 약간

[만드는 법]

1 푸실리는 12분 정도 삶은 뒤 건진다.
2 발사믹식초, 올리브유, 꿀을 작은 볼에 넣고 골고루 섞는다.
3 돼지고기, 마늘, 타임, 설탕을 볼에 넣고 골고루 섞는다.
4 감자와 파프리카는 반으로 자르고 적양파는 1cm 너비로 채 썬다.
5 오븐트레이에 유산지를 깔고 **3**의 재료, 감자, 파프리카, 적양파, 소금, 후추, 바질을 올리고 180℃로 예열한 오븐에서 20~25분 정도 굽는다.
6 **5**와 **2**의 드레싱, 푸실리를 골고루 섞고 타임으로 장식한다.

돼지고기는 손으로 잘게 부숴서 올린다

양념해둔 돼지고기를 오븐트레이에 담을 때는 덩어리가 생기지 않도록 손으로 부수면서 올린다. 오븐에 바삭하게 구운 돼지고기가 식감을 좌우하기 때문이다. 소고기와 돼지고기를 반씩 섞어서 사용하거나 닭가슴살을 다져서 넣으면 더 담백하게 즐길 수 있다.

연어스테이크페투치네

salmon steak and chilli cream fettuccine

연어는 매우 기름지고 특유의 맛을 가진 생선이라 함께 넣는 재료의 개성이 뚜렷하지 않다면 연어의 맛에 묻혀버립니다. 그래서 타임이나 로즈메리 같은 존재감이 강한 허브와 궁합이 좋습니다. 바비큐를 해서 연어에 불향을 입힌다면 생강이나 레몬그라스, 칠리 같은 강한 향신료와도 훌륭하게 조화를 이루지요.

[재료]

페투치네 100g
연어(스테이크용) 1쪽(150g)
마늘 2알
레몬 ¼개
타임 3줄기
생크림 300ml
칠리플레이크 3g
파르메산 간 것 30g
올리브유 30ml
소금 약간
후추 약간

[만드는 법]

1 페투치네는 10분 정도 삶은 뒤 건진다.
2 연어는 소금, 후추로 밑간하고 마늘은 얇게 저민다.
3 팬을 중불로 달군 뒤 올리브유 15ml를 두르고 연어를 넣어 한 면당 3분 정도 굽는다.
4 다른 팬에 남은 올리브유를 두르고 중불로 달군 뒤 마늘을 넣어 2~3분 정도 노릇하게 굽는다.
5 레몬은 껍질을 갈아서 제스트를 만들고 과육은 즙을 낸다.
6 타임, 생크림, 칠리플레이크 레몬제스트, 레몬즙을 **4**의 팬에 넣고 한 번 끓인다.
7 약불로 줄이고 파르메산을 넣고 섞은 뒤 소금과 후추로 간을 맞춘다.
8 페투치네를 넣고 1분 정도 더 익힌다.
9 그릇에 연어와 파스타를 함께 담는다.

연어는 미디엄으로 굽는다

연어는 웰던보다 미디엄으로 굽는 것을 추천한다. 웰던으로 익히면 수분이 없어 퍽퍽하고 연어 특유의 비린 맛이 강해진다. 하지만 미디엄으로 익히면 입 안에서 녹을 정도로 부드럽고 맛이 진하다. 스테이크용 역시 회로 먹어도 될 정도로 신선한 연어를 사용하는 것이 좋다.

프로슈토멜론스파게티

prosciutto and melon spaghetti

호주의 호텔 레스토랑에서 일을 할 때 무척 많은 과일을 손질했습니다. 조식 시간이 끝나면 남은 과일로 주스를 만들어서 먹었는데 멜론주스가 가장 기억에 남습니다. 주황색의 캔탈롭 멜론에 작은 오이와 바질, 소금, 레몬즙을 함께 갈아서 마셨는데 마치 멜론으로 만든 가스파초를 먹는 기분이었어요. 그때 알게 된 멜론의 매력을 파스타에 담아보았습니다. 멜론과 잘 어울리는 프로슈토와 올리브유로 마무리한 개성 있는 파스타입니다.

[재료]

스파게티 100g
멜론 ¼쪽
프로슈토 3장
레몬즙 10ml
올리브유 10ml
면수 20ml
소금 약간
후추 약간

[만드는 법]

1 스파게티는 10분 정도 삶은 뒤 건진다.
2 멜론은 껍질과 씨를 제거하고 1.5cm 크기로 깍둑썰기 한다.
3 프로슈토는 손으로 잘게 찢는다.
4 팬을 중불로 달군 뒤 올리브유를 두르고 멜론이 무를 때까지 13분 정도 익힌다. 취향에 따라 소금, 후추로 간을 맞춘다.
5 면수를 넣고 1분 정도 더 끓인다.
6 불을 끄고 레몬즙을 넣고 섞는다.
7 스파게티를 넣고 골고루 섞은 뒤 그릇에 담는다.
8 프로슈토를 소복하게 올리고 후추를 뿌린다.

멜론은 으깨면서 익힌다

멜론은 나무주걱으로 으깨면서 약불에서 오랫동안 익힌다. 달콤한 과일소스가 낯설다면 시큼하면서 견과의 향이 강한 만체고 같은 치즈를 더해도 좋다. 파르메산이나 페코리노도 잘 어울린다. 취향에 따라 칠리플레이크를 넣으면 매콤한 끝맛이 멜론의 진한 단맛을 한 번 더 잡아준다.

닭고기부카티니

stir fried chicken bucatini

파스타는 삶은 뒤 소스나 다른 재료와 함께 볶아서 먹으니 넓은 의미에서는 볶음면이라는 생각이 듭니다. 특히 이 파스타는 볶음면에 가깝습니다. 스파게티는 너무 얇아서 통통한 부카티니를 사용했습니다. 채소, 고기, 해산물, 어떤 재료를 넣어도 상관없지만 굴소스는 꼭 들어가야 합니다. 센불에서 굴소스를 넣고 휘리릭 볶아내는 것이 포인트지요.

[재료]

부카티니 100g
닭고기(가슴살) 1쪽
월계수잎 1장
통후추 3알
우유 150ml
물 150ml
마늘 2알
스리라차소스 20g
굴소스 20g
참기름 5ml
숙주 100g
라임 ¼개
올리브유 20ml
소금 약간
후추 약간

[만드는 법]

1 부카티니는 10분 정도 삶은 뒤 건진다.
2 냄비에 닭고기, 월계수잎, 통후추, 우유, 물을 넣고 끓인다. 끓기 시작하면 약불로 줄여 12분 정도 끓여서 닭고기를 익히고 불에서 내린 뒤 5분 정도 식힌다.
3 마늘은 얇게 저민다.
4 스리라차소스, 굴소스, 참기름을 작은 볼에 넣고 골고루 섞는다.
5 닭고기를 손으로 잘게 찢는다.
6 팬을 중불로 달군 뒤 올리브유를 두르고 마늘을 넣어 2분 정도 노릇하게 볶는다.
7 센불로 올리고 닭고기, **4**의 소스, 부카티니를 넣고 1분 정도 빠르게 볶는다.
8 숙주를 넣고 1분 정도 볶아서 숨을 죽인다.
9 취향에 따라 소금, 후추로 간을 맞추고 라임을 올린다.

닭고기를 우유에 넣고 익혀서 잡냄새를 없앤다

닭고기와 우유를 함께 익히면 고기의 잡내를 없앨 수 있다. 닭고기를 센불에 끓이면 조리 시간을 줄일 수 있지만 육질이 질겨진다. 약불에 뭉근하게 익혀야 더 촉촉해진다. 데친 닭고기를 소스에 버무리지 않고 그대로 먹는다면 우유에 소금으로 간을 해둔다. 닭고기를 익힐 때 자연스럽게 간이 밴다.

스위트콘닭고기펜네베이크

sweet corn chicken penne bake

멜버른에서 일했던 브런치 카페에서는 두세 가지 파스타베이크를 미리 만들어놓고 판매했습니다. 파스타를 삶아서 오븐에 익히기 때문에 한두 시간만 지나도 불어버렸는데도 인기가 무척 많았어요. 어느 날 한 조각이 남아서 일을 마친 후 집으로 가져와 먹었는데, 인기의 이유를 알게 되었습니다. 남은 피자를 다음날 아침에 데워서 먹는 것 같았어요. 그때의 파스타베이크를 떠올리며 만든 메뉴입니다.

[재료](2인 기준)

펜네 200g
닭고기(다리살) 200g
스위트콘 400g
대파 2대
크림치즈 70g
마늘 다진 것 20g
면수 50ml
파르메산 간 것 40g
올리브유 20ml
소금 약간
후추 약간

[만드는 법]

1 펜네는 7분 정도 삶은 뒤 건진다.
2 닭고기는 2cm 크기의 큐브 모양으로 자른다.
3 스위트콘은 블렌더에 굵게 갈고 대파는 다진다.
4 중불로 달군 냄비에 올리브유를 두르고 닭고기를 2분 정도 볶는다.
5 펜네, 스위트콘, 대파, 크림치즈, 마늘, 면수를 냄비에 넣고 2~3분 정도 볶는다. 취향에 따라 소금, 후추로 간을 맞춘다.
6 오븐용 그릇에 담고 파르메산을 뿌린 뒤 포일로 덮는다.
7 180℃로 예열한 오븐에서 25분 정도 굽고 포일을 제거한 뒤 10분 정도 더 굽는다.

스위트콘은 블렌더에 간다

스위트콘을 갈면 소스가 더 부드러워진다. 씹히는 식감을 좋아한다면 갈지 않고 다져서 사용한다. 스위트콘을 갈 때 생크림 100ml를 넣으면 소스가 더욱 부드럽고 진해진다.

돼지고기고추장크림소스부카티니

bucatini with gochujang cream sauce pork bulgogi

제육이나 불고기는 한꺼번에 많이 만들고 남으면 냉장고나 냉동고에서 보관하는 경우가 많지요. 잠자고 있는 돼지고기에 새 생명을 불어넣어봅니다. 생크림이 들어간 고추장크림소스를 만들고 좋아하는 파스타를 넣어 볶으면 여느 레스토랑 메뉴 못지않은 퓨전 파스타가 완성됩니다. 신선한 제철 나물을 곁들이면 더욱 산뜻하고, 쌈채소에 싸 먹어도 재미있어요. 쌈으로 먹는다면 쇼트파스타로 만들어보세요.

[재료]

부카티니 100g
돼지고기(앞다리살) 150g
대파 ½대
당근 40g
양파 ¼개
참나물 20g
생크림 200ml
올리브유 10ml
고추장양념
· 고추장 40g
· 설탕 10g
· 고춧가루 5g
· 마늘 다진 것 5g
· 통깨 약간

[만드는 법]

1 작은 볼에 고추장양념 재료를 넣고 골고루 섞는다.
2 대파는 0.5cm 너비로 어슷하게 자르고 당근은 0.5cm 너비의 반달 모양으로, 양파는 0.5cm 너비로 채 썬다. 참나물은 줄기만 잘라둔다.
3 고추장양념에 돼지고기와 대파, 당근, 양파를 넣고 버무린 뒤 2시간 이상 냉장 보관한다.
4 부카티니는 11분 정도 삶은 뒤 건진다.
5 팬을 중불로 달군 뒤 올리브유를 두르고 **3**을 넣고 5분 정도 볶는다.
6 생크림을 넣고 끓으면 약불로 줄이고 부카티니를 넣어 한 번 골고루 섞는다.
7 그릇에 파스타를 담고 참나물을 곁들인다.

돼지고기는 고추장양념과 버무린 뒤 숙성 시간을 거친다

돼지고기와 양념을 버무린 뒤에는 반드시 숙성 시간을 거쳐야 한다. 숙성 시간 동안 돼지고기에 양념이 배고 육질이 연해지기 때문이다. 양념에 과일을 갈아서 넣는다면 너무 많이 넣지 않도록 유의한다. 과일의 연육 효과 때문에 고기가 너무 연해질 수 있다.

오렌지해물푸실리샐러드

orange and seafood fusilli salad

손님이 왔을 때, 누구나 자신 있게 준비하는 요리가 하나쯤은 있을 거예요. 저에게는 과일을 넣은 해물파스타샐러드가 그런 메뉴입니다. 사람들과 함께 왁자지껄 떠들면서 만들 수 있어서 더 즐겁습니다. 씨가 없는 포도를 요리에 즐겨쓰지만 이번에는 오렌지를 넣어 상큼함을 담았습니다. 오렌지와 해산물은 너무나 잘 어울리는 조합이거든요.

[재료]

푸실리 100g
오렌지 1개
오징어(몸통) 60g
관자 손질한 것 60g
셀러리 1대
샐러드용 채소 30g
화이트와인식초 20ml
꿀 5g
올리브유 30ml
소금 약간
후추 약간

[만드는 법]

1. 푸실리는 12분 정도 삶은 뒤 건져서 바로 찬물에 헹구고 물기를 뺀다.
2. 오렌지는 과육만 발라내고 셀러리는 0.5cm 너비로 슬라이스 한다. 샐러드용 채소는 씻은 뒤 물기를 뺀다.
3. 오징어는 링 모양으로 자른다.
4. 팬을 중불로 달군 뒤 올리브유 10ml를 두르고 오징어와 관자를 넣어 1분 정도 굽는다. 취향에 따라 소금, 후추로 간을 맞춘다.
5. 화이트와인식초, 꿀, 남은 올리브유, 소금, 후추를 작은 볼에 넣고 골고루 섞어 드레싱을 만든다.
6. 모든 재료를 볼에 담고 **5**의 드레싱을 뿌려 골고루 버무린다.

오징어와 관자는 살짝만 굽는다

오징어와 관자를 오래 익히면 질겨지기 때문에 굽는 시간에 신경을 써야 한다. 손질해서 얇게 저민 관자는 중불에서 한 면당 30~40초 정도 구우면 된다. 통관자(3cm 두께 내외)를 구입했다면 한 면당 1분 30초 정도 굽는다. 반으로 잘랐을 때 가운데 부분이 살짝 투명하면 잘 구운 것이다. 이 상태를 오파크 opaque라고 부른다.

살라미초리조포트리가토니

salami and chorizo pot rigatoni

이 파스타를 처음 만들 때는 피자 맛이 나는 파스타를 만들고 싶었어요. 그 맛을 내기 위해 여러 가지 재료를 추가해보았는데 결국 기본에 충실한 재료가 제일 맛있더라고요. 살라미와 초리조 중 하나만 넣어야 한다면 초리조를 추천합니다. 향신료가 가미되어 있어서 익으면 기름이 나와 맛과 향이 더욱 진해지거든요.

[재료]

(18cm 주물 냄비, 2인 기준)

리가토니 200g
살라미 40g
초리조 40g
선드라이드토마토 50g
양파 ⅓개
그린파프리카 1개
마늘 5알
할라피뇨홀 2개
치킨스톡 250ml
· 치킨스톡 큐브 1개
· 물 250ml
토마토소스 250g(p.66 참고)
피자치즈 100g
올리브유 20ml
바질 말린 것 약간
체다 다진 것 약간
파슬리 다진 것 약간
소금 약간
후추 약간

[만드는 법]

1 살라미와 초리조는 얇게 슬라이스하고 선드라이드토마토는 반으로 자르고 양파는 0.5cm 너비로 채 썬다.
2 그린파프리카는 모양을 살려서 0.5cm 너비로 둥글게 자른다. 할라피뇨는 슬라이스한다.
3 냄비를 중불로 달군 뒤 올리브유를 두르고 양파와 마늘을 넣어 2분 정도 볶다가 소금, 후추로 간을 맞춘다.
4 리가토니, 살라미, 초리조, 선드라이드토마토, 그린파프리카, 할라피뇨, 치킨스톡, 토마토소스, 바질을 넣고 뚜껑을 닫고 중불에서 15분 정도 익힌다.
5 피자치즈를 올리고 다시 뚜껑을 덮어 2분 정도 더 익힌다.
6 체다, 파슬리를 뿌린다.

치즈는 마지막에 넣는다

치즈는 파스타가 거의 익을 때쯤 냄비에 넣는다. 피자치즈를 먼저 넣어 익힌 뒤 2~3분 정도 지나서 체다를 넣으면 치즈의 향이 더욱 풍부해진다. 치즈가 녹으면 토치로 살짝 그을려도 좋다. 마치 화덕에 구운 피자 같은 향이 난다. 토치가 없다면 오븐의 온도를 최대로 올리고 오븐 제일 상단에 냄비를 넣어 5분 정도 구우면 비슷한 효과를 낼 수 있다.

스파이시비엔나펜네

penne with sausage and spicy tomato sauce

대부분의 파스타는 와인과 잘 어울리지만 이 파스타만큼은 그렇지 않습니다. 파스타의 양을 줄이고 소시지와 채소를 더 넣으면 마치 소시지채소볶음 같아서 와인보다는 차가운 맥주를 꺼내게 되지요. 소스의 양을 줄이고 센불에 볶아서 불맛을 내면 소주나 위스키와도 잘 어울릴 것 같아요. 다양한 맛 덕분에 은근이 정이 가는, 특별하지 않지만 자꾸 찾게 되는 파스타입니다.

[재료]

펜네 100g
비엔나소시지 5개
적양파 ¼개
마늘 다진 것 10g
페퍼론치노 2개
양송이버섯 5개
토마토소스 250g(p.66 참고)
생크림 100ml
올리브유 15ml
소금 약간
후추 약간

[만드는 법]

1 펜네는 10분 정도 삶은 뒤 건진다.
2 비엔나소시지는 세로 ⅔지점까지만 칼집을 3번 내서 문어 모양을 만든다.
3 적양파는 잘게 다진다.
4 팬을 중불로 달군 뒤 올리브유를 두르고 적양파와 마늘을 넣어 3분 정도 볶는다.
5 비엔나소시지, 페퍼론치노, 양송이버섯을 넣고 5분 정도 더 볶는다.
6 토마토소스와 생크림을 넣고 한 번 끓인 뒤 소금, 후추로 간한다.
7 펜네를 넣고 1분 정도 골고루 섞는다.

양송이버섯이 익는 시간을 체크한다

양송이버섯을 통으로 볶을 때 말랑하게 익히려면 7~8분 정도가 걸리고 아삭한 식감을 살릴 정도로 익히려면 5분 정도가 걸린다. 소스와 파스타를 넣어 조리하는 시간까지 계산해서 초반에 넣을 지 중간에 넣을 지를 결정한다.

가리비수란유자소스스파게티

scallop and poached egg spaghetti with yuzu sauce

수많은 자극적인 맛 때문에 미각이 피곤할 때는 이 파스타를 추천합니다. 섬세하고 은은한 맛이 간절한 순간에 어울리는 메뉴예요. 은은한 유자의 향이 마음을 안정시켜주고 날치알의 식감이 입안을 간지럽히며 이 모든 것을 수란이 부드럽게 감싸줍니다. 이미 완벽한 맛을 보여주지만 살짝 더한 가리비가 바다의 향까지 선사하네요.

[재료]

스파게티 100g
달걀 1개
식초 15ml
가리비 3개
날치알 30g
유자소스
· 포도씨유 40ml
· 유자청 20g
· 간장 15ml
· 대파 다진 것 10g
· 마늘 다진 것 5g
· 고춧가루 5g

[만드는 법]

1. 스파게티는 10분 정도 삶은 뒤 건진다.
2. 중간 크기의 냄비에 물을 ⅔ 정도 채우고 식초를 넣고 끓인다. 바닥에 기포가 생기면 약불로 줄인 뒤 달걀을 넣어 2분 정도 익혀서 수란을 만든다.
3. 가리비는 끓는 물에 3분 정도 데친다. 큰 가리비를 사용할 경우 5~6분 정도 익힌다.
4. 유자소스 재료를 팬에 넣고 약불에서 2분 정도 데운다.
5. 스파게티를 넣고 섞은 뒤 날치알을 올리고 가리비, 수란을 올린다.

유자소스는 따뜻하게 데운다

유자소스를 만들 때는 끓인다기보다 따뜻하게 데운다고 생각한다. 불이 너무 세면 유자청이 캐러멜라이징되고 고춧가루가 끓으면서 쓴맛이 조금 올라와서 날치알, 수란과 함께 섞었을 때 섬세한 맛이 떨어진다. 유자청 대신 같은 양의 레몬청을 사용해도 된다.

방울양배추머스터드소스탈리아텔레

brussels sprout tagliatelle with mustard sauce

방울양배추는 누구나 좋아하는 채소는 아닙니다. 동글동글 귀여운 모양과 달리 매우 딱딱해서 잘 조리하지 않으면 질기고 쓴맛이 나기 때문입니다. 그럼에도 그 씁쓸한 맛에 중독되면 좀처럼 헤어나올 수 없습니다. 방울양배추를 잘 조리하려면 깨끗이 씻어서 물기를 닦고 반으로 자른 뒤 끓는 물에 데쳐야 합니다. 미리 데쳐두면 속까지 골고루 익으면서 방울양배추 속도 한 번 소독이 됩니다.

[재료]

생탈리아텔레 130g
방울양배추 5개
올리브유 10ml
베이컨(두꺼운 것) 50g
소금 약간
후추 약간
머스터드소스
· 양파 ¼개
· 화이트와인 50ml
· 생크림 100ml
· 홀그레인머스터드 30g
· 딜 2줄기
· 타임 2줄기
· 소금 약간
· 후추 약간

[만드는 법]

1 방울양배추는 반으로 자르고 끓는 물에 1분 정도 데친 뒤 건져둔다. 종이타월로 물기를 최대한 제거한다.
2 베이컨은 1cm 너비로 자르고 양파는 잘게 다진다.
3 팬을 약불로 달군 뒤 올리브유를 두르고 베이컨을 넣어 5~6분 정도 노릇하게 굽는다.
4 베이컨을 꺼내고 같은 팬에 방울양배추를 넣고 소금, 후추로 간을 맞추며 3분 정도 볶는다.
5 다른 팬에 화이트와인과 양파를 넣고 2분 정도 끓인다.
6 생크림, 홀그레인머스터드, 딜, 타임을 넣고 2분 정도 끓인 뒤 소금, 후추로 간을 맞춘다.
7 방울양배추, 베이컨을 넣고 섞는다.
8 탈리아텔레는 2분 정도 삶은 뒤 건져서 바로 **7**에 넣고 빠르게 섞는다.

머스터드소스는 생크림으로 맛을 조절한다

머스터드소스는 머스터드 특유의 톡 쏘는 맛이 특징이다. 이 맛은 호불호가 나뉠 수 있으니 생크림으로 부드러운 맛을 추가한다. 취향에 따라 생크림을 더 넣거나 설탕을 조금 넣어서 새콤한 맛을 줄이면 된다. 홀그레인머스터드가 없다면 같은 양의 디종머스터드로 대체 가능하다.

해물레드커리포트카펠리니

seafood red curry pot capellini

카펠리니는 무척 얇은 파스타로 '엔젤헤어'라고도 부릅니다. 동남아에서 사용하는 버미셀리와도 비슷하고 중국의 얇은 완탕 누들 같기도 합니다. 얇은 두께 때문인지 국물이 많은 요리나 해산물 요리에 자주 사용하지요. 진한 코코넛 향을 담은 레드커리에 카펠리니를 적셔 먹으니 마치 태국에 있는 듯합니다.

[재료]

(22cm 주물 냄비, 4인 기준)

카펠리니 300g
코코넛밀크 700ml
당근 100g
물 400ml
레드커리페이스트 30g
황설탕 30g
꽃게 2마리
마늘 다진 것 30g
새우 8마리
방울토마토 16개
라임 1개
땅콩 다진 것 25g
고수 약간
소금 약간
후추 약간

[만드는 법]

1. 당근은 2cm 너비의 반달 모양으로 자른다.
2. 주물 냄비에 코코넛밀크, 물, 레드커리페이스트, 황설탕, 마늘, 당근을 넣고 뚜껑을 닫아 센불에서 7분 정도 끓인다.
3. 꽃게는 깨끗이 씻은 뒤 몸통, 등, 딱지를 분리하고 아가미를 제거한다. 몸통은 가위로 4등분한다. 새우는 씻어서 수염만 제거한다.
4. **2**의 주물 냄비에 카펠리니, 꽃게, 새우, 방울토마토를 넣고 뚜껑을 닫아 중불에서 7분 정도 더 익힌다.
5. 취향에 따라 소금, 후추로 간을 맞춘다.
6. 땅콩과 고수를 올린다.
7. 라임은 슬라이스한 뒤 곁들이고 먹기 직전에 즙을 뿌린다.

재료의 익는 시간을 구분한다

원포트파스타는 모든 재료를 한 번에 넣고 익히는 것이 편하지만 더 맛있게 만들려면 재료가 익는 시간에 구분해서 따로따로 넣는 것도 좋다. 오래 익히지 않는 해물류는 마지막에 넣는다. 파스타는 종류에 따라 다르지만 펜네나 푸실리처럼 삶는 시간이 긴 쇼트파스타는 처음에, 카펠리니나 리조니처럼 작고 얇은 파스타는 후반에 넣는다.

주꾸미레드페스토카사레차

red pesto and webfoot octopus casareccia

10년 전, 뉴욕에서 2주 정도 머무른 적이 있습니다. 미식가인 사촌 언니와 많은 곳을 다녔는데, 한 스페인식 타파스바가 아직도 기억에 남습니다. 선드라이드토마토소스에 오징어를 무친 타파스가 무척 인상적이었어요. 그때의 타파스를 파스타로 변신시켰습니다. 레드페스토와 주꾸미가 어우러져서 바다의 향과 맛을 모두 느낄 수 있지요.

[재료]

카사레차 100g
통마늘 1뿌리
주꾸미 1마리
레드페스토 50g(p.70 참고)
레드와인식초 10ml
올리브유 25ml
올리브 6알
적올리브 6알
버터 10g
파슬리 다진 것 5g
파슬리 말린 것 약간
소금 약간
후추 약간

[만드는 법]

1 카사레차는 11분 정도 삶은 뒤 건진다.
2 통마늘은 가로로 반을 자른 뒤 잘린 단면에 버터, 소금, 후추, 파슬리 말린 것을 뿌리고 180℃로 예열한 오븐에서 15분 정도 굽는다.
3 올리브와 적올리브는 2등분 또는 4등분한다.
4 팬을 센불로 달군 뒤 올리브유 5ml를 두르고 손질한 주꾸미를 넣어 2~3분 정도 굽고 소금, 후추로 간을 맞춘다.
5 레드페스토, 레드와인식초, 파슬리, 올리브, 적올리브, 남은 올리브유, 카사레차를 볼에 넣고 섞는다.
6 파스타를 그릇에 담고 구운 주꾸미와 통마늘을 올린다.

마늘은 통으로 구워 사이드 메뉴처럼 내놓는다

마늘은 저미거나 다져서 파스타와 함께 조리할 수도 있지만 통으로 구우면 사이드 메뉴처럼 색다르게 먹을 수 있다. 마늘을 구울 때 버터에 발라도 좋지만 조금 더 가벼운 맛을 원한다면 올리브유를 사용한다. 파슬리 말린 것 대신 바질, 타임, 오레가노 등 취향에 맞는 허브로 대체할 수 있다.

스팸김치볶음링귀네

spam and fried kimchi linguine

김치볶음밥의 변신은 무궁무진합니다만, 더 색다른 모습과 맛을 원할 때 파스타에 도전해보세요. 햄이나 소시지, 스팸을 같이 넣어도 좋습니다. 이 파스타의 핵심은 '작은 변화'입니다. 약간의 변화로 맛있는 파스타를 만드는 것이지요. 단, 간을 맞출 때는 파르메산을 사용하는 게 더 맛있습니다.

[재료]

링귀네 100g
김치 100g
올리브유 30ml
대파 13cm
스팸 60g
파르메산 간 것 20g
통깨 약간
설탕 약간
소금 약간
후추 약간

[만드는 법]

1 링귀네는 11분 정도 삶은 뒤 건진다.
2 김치는 굵게 다진다.
3 팬에 올리브유 15ml를 두르고 김치와 통깨를 넣고 3분 정도 볶는다. 취향에 따라 설탕, 소금, 후추로 간을 맞춘다.
4 스팸은 1cm 너비로 넓게 슬라이스한다.
5 남은 올리브유는 기름솔로 그릴팬, 대파, 스팸 겉면에 고루 바른다.
6 대파는 그릴 팬에 올려 한 면당 4~5분 정도 노릇하게 굽는다.
7 스팸은 그릴 팬에 굽는다.
8 **3**의 팬에 링귀네, 파르메산을 넣고 골고루 섞어 그릇에 담는다.
9 대파와 스팸을 올린다.

스팸과 대파에도 기름칠을 한다

그릴 팬에 스팸과 대파를 구울 때는 팬뿐만 아니라 스팸과 대파에도 기름칠을 해야 먹음직스러운 그릴 마크를 만들 수 있다. 특히 대파는 약불에서 서서히 굽지 말고 팬을 뜨겁게 달군 뒤 그릴 마크를 먼저 만들고 약불로 줄여 속까지 익히면 흐물거리지 않고 불맛이 나는 대파 구이가 완성된다.

라디키오페투치네와 네 가지 치즈소스

radicchio fettucine with four cheese sauce

치즈는 어쩌면 그렇게 맛있을까요. 모든 치즈는 맛과 향이 다르지만 모두 똑같이 맛있습니다. 다양한 치즈를 넣어서 치즈의 매력을 듬뿍 살린 파스타를 만들어보았습니다. 연질치즈, 반경질치즈, 경질치즈를 조합해서 생크림에 끓인 소스와 베이컨 기름에 구운 라디키오는 상상만으로도 맛있어요. 다이어트는 조금 미뤄두고 진한 치즈의 맛에 빠져보세요.

[재료]

페투치네 100g
라디키오 100g
베이컨 3줄(50g)
올리브유 5ml
소금 약간
후추 약간
치즈소스
· 버터 15g
· 생크림 200ml
· 그뤼에르 50g
· 체다 30g
· 파르메산 30g
· 모차렐라 30g
· 면수 30ml

[만드는 법]

1 페투치네는 10분 정도 삶은 뒤 건진다.
2 라디키오는 웨지 모양으로 3등분한다.
3 팬을 약불로 달군 뒤 올리브유를 두르고 베이컨을 넣어 10~12분 정도 바삭하게 굽는다.
4 베이컨을 건져내고 중불로 불을 올린 뒤 라디키오를 넣고 한 면당 2분 정도 굽는다. 취향에 따라 소금, 후추로 간을 맞춘다.
5 다른 팬을 약불로 달군 뒤 버터를 녹이고 생크림, 그뤼에르, 체다, 파르메산, 모차렐라를 녹인다. 면수를 넣어 농도를 맞춘다.
6 페투치네를 넣고 1분 정도 섞은 뒤 그릇에 담는다.
7 베이컨과 라디키오를 올린다.

치즈소스는 약불에서 천천히 녹인다

치즈소스를 만들 때는 치즈가 타지 않도록 약불에서 천천히 녹인다. 치즈의 종류는 취향에 따라 변경할 수 있다. 체다나 그뤼에르 대신 고다, 에멘탈 등을 사용할 수 있으며 강한 맛을 좋아한다면 블루치즈를 추천한다.

우메보시토마토카펠리니

japanese salted plum and tomato capellini

우메보시는 한 알만으로 밥 한 그릇을 먹을 수 있을 정도로 맛이 강합니다. 소금에 절여서 발효까지 시켰으니 그럴 수밖에 없지요. 한 알의 우메보시는 파스타 한 그릇을 만들기에도 부족하지 않습니다. 토마토의 상큼함과 약간의 설탕으로 우메보시의 짠맛을 잡아주고 몇 방울의 간장으로 감칠맛을 더해줍니다. 꿀에 절인 우메보시, 다시마에 절인 우메보시 등 다양한 맛의 우메보시를 사용해도 좋습니다.

[재료]

생카펠리니 100g
우메보시 1개
토마토 ½개
마늘 다진 것 10g
미니새송이 10개
올리브유 10ml
설탕 5g
쪽파 다진 것 5g
간장 약간
참기름 약간

[만드는 법]

1 우메보시는 씨를 빼고 잘게 다진다.
2 토마토는 끓는 물에 40초 정도 데친 뒤 바로 찬물에 담가 껍질을 벗기고 2cm 크기의 큐브 모양으로 자른다.
3 팬을 약불로 달군 뒤 올리브유를 두르고 마늘을 넣어 1분 정도 볶는다.
4 미니새송이와 설탕을 넣고 2분 정도 더 볶는다.
5 카펠리니는 2분 정도 삶은 뒤 건진다.
6 불에서 내린 **4**의 팬에 카펠리니, 토마토, 우메보시, 쪽파, 간장, 참기름을 넣고 골고루 섞는다.

우메보시는 잘게 다진다

우메보시의 새콤하고 짭조름한 맛을 소스로 사용하기 때문에 고명으로 올리기보다는 잘게 다져서 넣는 것이 좋다. 우메보시 자체의 간이 짜서 소금을 넣지 않고 간장을 약간 넣어 감칠맛만 더한다.

봉골레링귀네

linguine alle vongole

봉골레링귀네는 조개의 맛에 좌우되는 파스타인 만큼 신선한 조개를 사용하는 것이 중요합니다. 우리는 개운한 맛이 있는 투명한 봉골레가 익숙하지만 이탈리아에서는 봉골레를 두 가지 방법으로 만듭니다. 화이트와인과 올리브유를 넣고 만들거나 레드와인과 토마토소스를 넣고 만들지요. 아, 치즈는 잠시 치워두세요. 강한 치즈가 들어가면 조개의 맛이 묻혀서 신선한 조개가 소용이 없어지거든요.

[재료]

링귀네 100g
모시조개 400g
마늘 1알
페퍼론치노 4개
화이트와인 60ml
파슬리 다진 것 5g
올리브유 10ml
후추 약간

[만드는 법]

1 모시조개는 해감한 뒤 잘 씻고 물기를 뺀다.
2 링귀네는 10분 정도 삶은 뒤 건진다.
3 마늘은 얇게 저민다.
4 냄비를 중불로 달군 뒤 올리브유를 두르고 마늘, 페퍼론치노를 넣고 1분 정도 볶는다.
5 모시조개, 화이트와인을 넣고 뚜껑을 닫은 뒤 5분 정도 익힌다.
6 페퍼론치노를 꺼내고 취향에 따라 후추로 간을 맞춘다.
7 링귀네와 파슬리를 넣고 1분 정도 더 익힌다.

모시조개는 삶지 않는다

봉골레를 만들 때 모시조개에 물을 많이 넣지 않도록 주의한다. 물, 육수, 와인 등의 액체류를 냄비 바닥만 덮을 정도로 넣고 모시조개를 익히기 때문에 삶는 것과는 다르다. 모시조개가 익으면서 염분을 내보내는데 그 맛이 강해서 소금은 자제하는 것이 좋다.

차돌박이레몬드레싱링귀네

beef brisket linguine with lemon dressing

고춧가루를 넣어 만든 레몬드레싱에 봄 향기가 가득한 미나리와 부추를 더했습니다. 차돌박이는 미나리와 부추, 둘 다 잘 어울리니 함께 굽지 않을 수가 없네요. 손이 많이 가는 잡채 대신 파스타를 삶아서 이 맛있는 콤비네이션에 담아봅니다. 젊은 사람들부터 연세 지긋한 어른들까지 모두 좋아할 만한, 마치 잔치 음식 같은 파스타입니다.

[재료]

링귀네 100g
차돌박이 120g
홍고추 ½개
부추 20g
미나리 20g
후추 약간
레몬드레싱
· 레몬즙 20ml
· 참기름 10ml
· 포도씨유 10ml
· 멸치액젓 5ml
· 고춧가루 5g
· 마늘 다진 것 5g
· 설탕 5g

[만드는 법]

1 링귀네는 11분 정도 삶은 뒤 건진다.
2 홍고추는 0.2cm 두께로 자른다.
3 부추와 미나리는 5cm 너비로 자른다.
4 레몬드레싱 재료를 볼에 넣고 골고루 섞는다.
5 팬을 중불로 달군 뒤 마른 상태에서 차돌박이를 넣어 한 면당 30초 정도 굽고 꺼내둔다.
6 차돌박이를 구웠던 팬에 링귀네와 후추를 넣고 1분 정도 볶는다.
7 차돌박이, 홍고추, 부추, 미나리를 넣고 섞는다.
8 레몬드레싱을 골고루 뿌린다.

향이 약한 기름을 사용해 파스타를 볶는다

차돌박이에서 나온 기름으로 파스타를 볶을 때 기름이 모자란다면 포도씨유나 해바라기씨유처럼 향이 약한 기름을 사용한다. 올리브유를 넣으면 차돌박이의 향이 사라지고 드레싱의 맛과 향에도 영향을 미칠 수 있다.

해물푸실리수프

spicy seafood fusilli soup

몸이 으슬으슬한 날이나 술을 마신 다음 날에는 역시 국물 요리가 생각납니다. 해물푸실리수프 또한 그럴 때 생각나는 요리입니다. 조개를 한 봉지 가득 사서 토마토소스에 고춧가루를 풀어서 끓이면 속까지 시원해집니다. "토마토소스에 고춧가루라니!"라고 놀라지 마세요. 토마토로 김치도 만드는 세상인걸요.

[재료]

푸실리 100g
맛조개 5개
갑오징어 1마리
느타리버섯 50g
청양고추 2개
대파 ½대
올리브유 15ml
고춧가루 5g
토마토소스 200g(p.66 참고)
치킨스톡 500ml
· 치킨스톡 큐브 2개
· 물 500ml
소금 약간
후추 약간

[만드는 법]

1 푸실리는 9분 정도 삶은 뒤 건진다.
2 맛조개는 소금물에 담가 1시간 이상 해감한 뒤 씻어서 건지고 갑오징어는 손질하여 몸통에 십자 모양으로 칼집을 낸다. 다리는 먹기 좋게 자른다.
3 느타리버섯은 잘게 찢고 청양고추와 대파는 0.2cm 너비로 자른다.
4 냄비를 센불로 달군 뒤 올리브유를 두르고 청양고추, 대파, 고춧가루를 넣어 1분 정도 볶는다.
5 중불로 줄인 뒤 느타리버섯을 넣고 1분 정도 더 볶는다.
6 맛조개, 토마토소스, 치킨스톡, 소금, 후추를 넣고 3분 정도 끓인다.
7 푸실리와 갑오징어를 넣고 3분 정도 더 끓인다.

오징어에는 정교하게 칼집을 낸다

오징어에 칼집을 내면 익을 때 예쁘게 말리기도 하지만 맛이 골고루 밴다. 칼집 사이로 소스가 스며들기 때문에 칼집을 많이, 정교하게 낼수록 오징어가 소스를 가득 품게 된다. 소심하게 칼집을 내면 칼자국만 생기고 칼집이 잘 나지 않으니 한 번에 깊이 칼집을 낸다.

타코푸실리샐러드

taco fusilli salad

매운 음식은 잘 먹지 못하지만 매콤한 멕시코 요리는 무척 좋아합니다. 저렴한 프랜차이즈 레스토랑부터 분위기 있는 파인 다이닝 레스토랑을 다니면서 '이 그릇 위의 탄수화물을 파스타로 바꿔도 좋겠다'는 생각을 종종 했습니다. 멕시칸 레스토랑에서는 파스타로 바꿔주지 않으니 직접 도전해보았습니다. 타코와 파스타, 의외로 잘 어울리는 조합입니다.

[재료]

푸실리 100g
소고기(다짐육) 120g
블랙올리브 10알
양파 ¼개
토마토 80g
아보카도 ¼개
타코시즈닝 5g
사워크림 50g
크림치즈 20g
체다 간 것 10g
고수 20g
올리브유 15ml
소금 약간
후추 약간

[만드는 법]

1 푸실리는 11분 정도 삶은 뒤 건진다.
2 블랙올리브는 반으로 자르고 양파는 잘게 다진다.
3 토마토와 아보카도는 1.5cm 크기로 깍둑썰기 하고 고수는 줄기를 살려 5cm 길이로 자른다.
4 팬을 중불로 달군 뒤 올리브유를 두르고 양파를 넣어 3분 정도 볶는다.
5 소고기를 넣고 5분 정도 더 볶는다. 취향에 따라 소금, 후추로 간을 맞춘다.
6 타코시즈닝을 넣고 한 번 더 골고루 섞는다.
7 푸실리, 사워크림, 크림치즈, 블랙올리브를 넣고 1분 정도 볶은 뒤 그릇에 담는다.
8 토마토, 아보카도, 고수를 올리고 체다를 뿌린다.

홈메이드 타코시즈닝을 사용한다

타코시즈닝은 마트에서도 쉽게 구할 수 있지만 집에서도 간단하게 만들 수 있다. 아래의 재료를 모두 블렌더에 넣고 곱게 갈면 완성이다.

[재료] 칠리플레이크 60g, 큐민시드 30g, 파프리카가루 15g, 마늘가루 5g, 오레가노 말린 것 5g, 소금 10g, 후추 약간

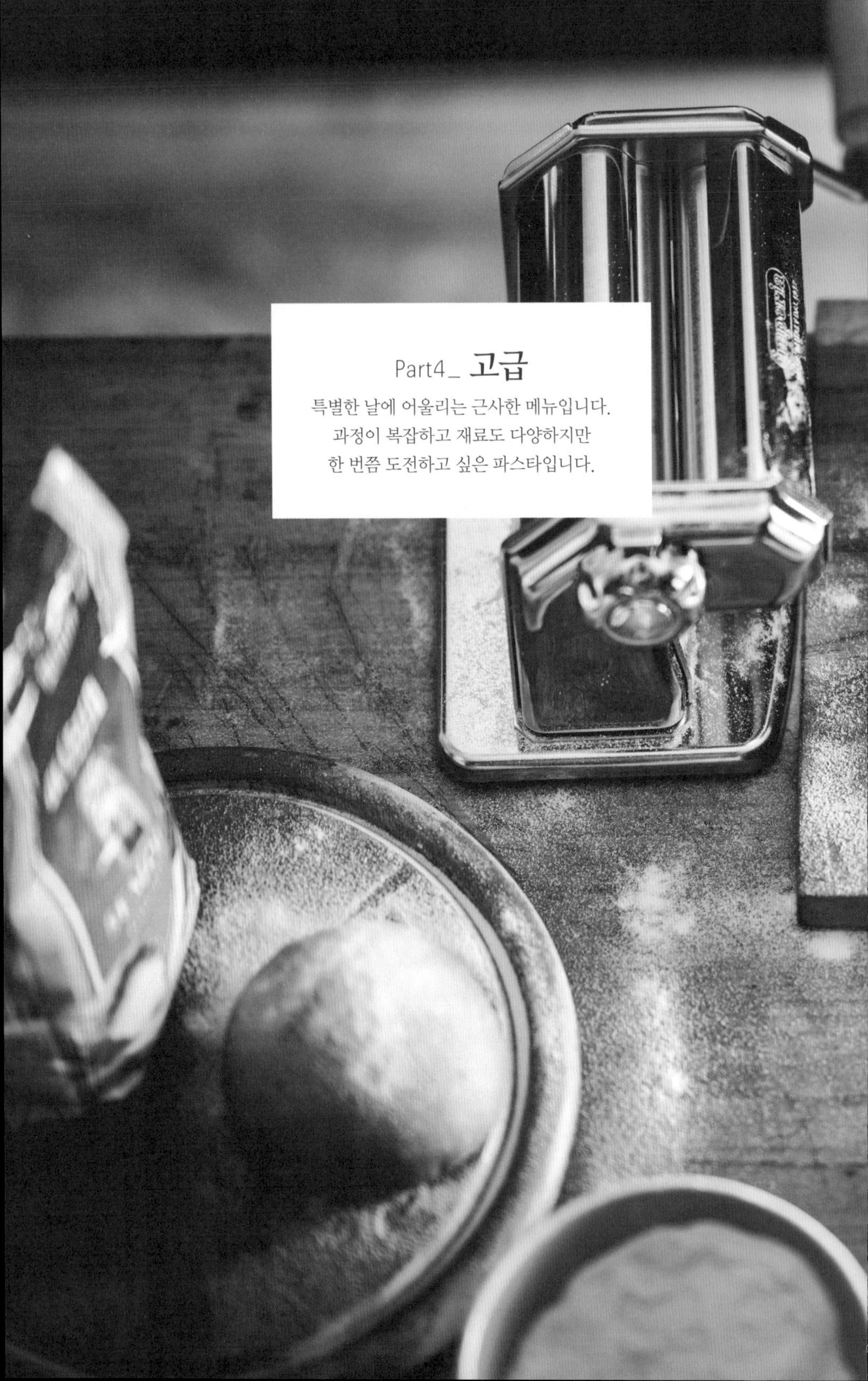

Part4_ 고급

특별한 날에 어울리는 근사한 메뉴입니다.
과정이 복잡하고 재료도 다양하지만
한 번쯤 도전하고 싶은 파스타입니다.

하몽부라타스파게티

jamon and burrata spaghetti

레스토랑에서 음식을 주문하면 한 그릇에 다양한 요리가 조금씩 나오는 경우가 있어요. 셰프들이 가장 답답하고 속상한 순간 중 하나가 그 요리를 따로따로 먹을 때입니다. 한 그릇에 담긴 요리는 조금씩 같이 먹어야 그 맛을 제대로 느낄 수 있어요. 이 파스타도 그렇습니다. 파스타만 먹으면 마스카르포네와 소금, 후추 맛뿐이지만 구운 토마토와 하몽, 부드러운 부라타, 바삭한 마늘빵가루를 한입에 넣으면 완전히 다른 맛을 느낄 수 있어요.

[재료]

생스파게티 100g
하몽 2장
부라타 1개(150g)
줄기토마토 200g
마스카르포네 45g
올리브유 25ml
빵가루 20g
꿀 10g
마늘 다진 것 3g
칠리플레이크 약간
설탕 약간
소금 약간
후추 약간

[만드는 법]

1. 팬을 약불로 달군 뒤 올리브유 10ml를 두르고 마늘을 넣어 1분 정도 볶는다.
2. 빵가루와 설탕을 넣고 타지 않도록 저어주며 4~5분 정도 볶은 뒤 종이타월에 올린다.
3. 오븐트레이에 유산지를 깔고 줄기토마토를 올린 뒤 꿀, 소금, 후추, 남은 올리브유, 칠리플레이크를 뿌리고 180℃로 예열한 오븐에서 10분 정도 굽는다.
4. 팬을 중불로 달군 뒤 기름을 두르지 않고 하몽을 넣어 5~6분 정도 바삭하게 구운 뒤 꺼내둔다.
5. 같은 팬에 마스카르포네를 넣고 녹인 뒤 소금, 후추로 간을 맞춘다.
6. 스파게티는 2분 정도 삶은 뒤 건진다.
7. **5**에 스파게티를 넣고 골고루 섞은 뒤 그릇에 담는다.
8. 줄기토마토, 하몽, 부라타를 올린 뒤 **2**의 마늘빵가루를 뿌린다.

하몽은 기름 없이 바삭하게 굽는다

하몽을 기름 없이 구우면 금세 바삭해지는데 마치 얇은 감자칩 같다. 바삭하게 구운 하몽은 그대로 먹어도 맛있지만 파스타, 리소토, 피자, 샐러드, 수프 등 다양한 요리의 토핑으로 사용하면 더욱 맛있고 식감도 재미있다. 통으로 구워서 장식하거나 잘게 부수어 베이컨크럼블 대신 사용해도 좋다. 프로슈토 역시 같은 방법으로 사용할 수 있다.

연어토르텔리니와 콘소메

salmon tortellini with vegetable consommé

멜버른에 놀러갔을 때 친구가 군고구마 향이 나는 맑은 고구마콘소메와 함께 연어토르텔리니를 만들어주었는데 말로 표현하기 어려운, 독특하면서 매력적인 맛이었습니다. 맛있지만 과정이 너무 복잡해서 비교적 쉬운 채소콘소메로 바꾸고 파스타에 응용해보았습니다. 연어토르텔리니는 친구 아이작이 만들어준 것을 재현했어요.

[재료]

생토르텔리니 5~6장(6x6cm)
연어(스테이크용) 100g
리코타 60g
딜 4줄기
올리브유 15ml
소금 약간
후추 약간
콘소메
· 콜리플라워 100g
· 릭 50g
· 당근 50g
· 셀러리 ½대
· 올리브유 15ml
· 마늘 2알
· 물 1L
· 로즈메리 2줄기
· 파슬리 5줄기
· 월계수잎 1장
· 큐민시드 약간
· 소금 약간
· 후추 약간

[만드는 법]

1 연어는 소금, 후추로 밑간하고 중불로 달군 팬에 올리브유를 두르고 한 면당 3~4분 정도 구운 뒤 살만 발라둔다.
2 콜리플라워, 릭, 당근, 셀러리는 큼직하게 자른다.
3 큰 냄비를 중불로 달군 뒤 올리브유를 두르고 **2**의 재료와 마늘을 넣어 3분 정도 볶다가 물, 로즈메리, 파슬리, 월계수잎, 큐민시드를 넣고 끓인다.
4 끓어오르면 약불로 줄이고 뚜껑을 열어둔 채로 1시간 30분 정도 뭉근하게 끓인다. 중간에 섞지 말고 그대로 끓인다.
5 소금, 후추로 간을 맞추고 면포에 국물만 걸러서 콘소메를 완성한다.
6 딜 3줄기를 다진다. 연어, 리코타, 딜, 소금, 후추를 볼에 넣고 골고루 섞는다.
7 토르텔리니 가운데 **6**을 올린 뒤 삼각형으로 반을 접고 양쪽 끝을 붙여 꽃 모양을 만든다.
8 토르텔리니를 끓는 물에 넣고 2분 정도 삶는다.
9 콘소메 250ml와 연어토르텔리니를 그릇에 담고 나머지 딜로 장식한다.

토르텔리니를 원하는 모양대로 빚는다

토르텔리니는 정사각형의 파스타 반죽이지만 만두처럼 원하는 모양으로도 만들 수 있다. 반죽 가운데 속을 넣고 반으로 접어 양끝을 붙인 뒤 오므린다. 이런 모양은 카펠레티cappelletti라고 부르며 크기는 메추리알보다 조금 크고 만두보다는 작다.

닭고기파프리카탈리아텔레

chicken and roasted paprika tagliatelle

주변 사람들에게 구운 파프리카의 가치에 대해 항상 이야기하지만 그 맛을 잘 모르는 것 같아서 무척 아쉬워요. 닭가슴살 또한 저평가되어 있습니다. 적당하게 잘 구운 닭가슴살이 얼마나 촉촉하고 맛있는지! 퍽퍽하다는 것은 편견에 불과하다고 주장하고 싶네요. 구운 파프리카와 닭가슴살의 진가를 제대로 알리기 위해 파스타를 만들어보았습니다.

[재료]

탈리아텔레 100g
레드파프리카 ½개
닭고기(가슴살) 1쪽(100g)
크림소스 200g(p.69 참고)
토마토페이스트 5g
타임 2줄기(장식용)
올리브유 15ml
소금 약간
후추 약간

[만드는 법]

1. 레드파프리카 겉면에 올리브유 5ml를 골고루 바른 뒤 유산지를 깐 오븐트레이에 껍질이 위로 온 상태로 올린다.
2. 220℃로 예열한 오븐에서 25분 정도 구워 껍질을 태운다.
3. 새까맣게 구운 레드파프리카를 볼에 넣고 랩으로 덮은 상태로 10분 정도 두었다가 그을린 껍질을 깨끗하게 벗긴다.
4. 크림소스, 토마토페이스트, 레드파프리카를 블렌더에 넣고 곱게 간다.
5. 팬을 중불로 달군 뒤 올리브유 10ml를 두르고 소금, 후추로 밑간한 닭고기를 한 면당 7~8분 정도 굽는다.
6. 닭고기를 6~7분 정도 래스팅해두었다가 1.5cm 너비로 슬라이스한다.
7. 탈리아텔레는 6분 정도 삶은 뒤 건진다.
8. 팬에 **4**의 소스를 넣고 2분 정도 끓이다가 탈리아텔레를 넣고 골고루 섞는다.
9. 그릇에 담고 닭고기를 올린 뒤 타임으로 장식한다.

닭고기는 래스팅한 뒤 도톰하게 썬다

닭고기를 구워서 접시에 담고 포일로 덮어 6~7분 정도 래스팅한 뒤 잘라야 육즙이 빠져나가지 않는다. 식감을 위해 도톰하게 자르는 것을 추천한다. 닭가슴살은 제대로 굽기가 쉽지 않다. 크기도 다르지만 사용하는 가스나 오븐의 온도 또한 다르기 때문이다. 닭가슴살 1쪽(100g)을 기준으로 180℃의 오븐에서 25분 정도 굽는다. 팬에 구울 때는 한 면을 중불에서 7분 정도 굽고 뒤집어서 뚜껑을 덮은 채로 약불에서 7분 정도 굽는다.

리코타아티초크콘킬리오니

ricotta artichoke conchiglioni

소라 껍질 모양의 파스타는 세 가지 크기가 있습니다. 가장 작은 크기는 콘킬리에테conchigliette, 중간은 콘킬리에conchiglie, 제일 큰 건 콘킬리오니예요. 앞의 두 가지는 속을 채우지 않고 사용할 수 있지만 가장 큰 콘킬리오니는 속을 채워서 만듭니다. 좋아하는 재료를 넣고 통통하게 속을 채운 뒤 오븐에서 구운 모양이 마치 귀엽게 터진 만두 같기도 하네요.

[재료]

콘킬리오니 100g
아티초크 절인 것 100g
리코타 60g
루콜라 50g
마스카르포네 30g
레몬즙 15ml
달걀 1개
미트소스 350g(p.72 참고)
페코리노 간 것 20g
설탕 약간
소금 약간
후추 약간

[만드는 법]

1 콘킬리오니는 10분 정도 삶은 뒤 건진다.

2 아티초크는 4등분하고 루콜라는 반으로 자른다.

3 아티초크, 리코타, 루콜라, 마스카르포네, 레몬즙, 달걀, 설탕, 소금, 후추를 볼에 넣고 골고루 섞는다.

4 콘킬리오니 안에 **3**의 리코타믹스를 채운다.

5 오븐용 그릇에 미트소스를 담고 속을 채운 콘킬리오니를 올린다.

6 페코리노를 뿌리고 200℃로 예열한 오븐에서 10분 정도 굽는다.

리코타믹스를 충분히 채운다

파스타 안에 넣을 리코타믹스는 사용하기 직전에 섞는다. 미리 만들면 아티초크와 루콜라에서 수분이 나와 묽어지므로 주의한다. 파스타 속재료는 리코타뿐만 아니라 미트소스, 단호박 으깬 것, 버섯볶음, 콘치즈 등 원하는 재료를 넣으면 된다.

프리마베라소스탈리아텔레

tagliatelle with primavera sauce

상큼하고 건강한 채소파스타를 소개합니다. 보통 토마토, 당근, 파프리카 등 형형색색의 채소를 사용하지만 봄에는 싱그러움을 강조하기 위해 녹색 채소만 사용하기도 합니다. 호주에서 일할 때는 프리마베라소스로 리소토를 만들기도 했습니다. 전문가용 블렌더를 사용해서 갈고 체에 거르니 소스가 마치 실크 같았지요. 가정용 블렌더로는 실크 같은 농도가 나오지 않지만 맛은 보장할 수 있답니다.

[재료]

탈리아텔레 100g
아보카도 ½개
셰르빌 약간
프리마베라소스
· 아스파라거스 4개
· 그린피 30g
· 흰강낭콩 캔 20g
· 버터 10g
· 마늘 다진 것 10g
· 화이트와인 25ml
· 파슬리 7g
· 바질 3g
· 파르메산 15g
· 올리브유 10ml
· 면수 50ml
· 소금 약간
· 후추 약간

[만드는 법]

1 탈리아텔레는 5분 정도 삶은 뒤 건진다.
2 아스파라거스는 질긴 아랫부분을 2cm 정도 자르고 1cm 너비로 자른다. 아스파라거스의 뾰족한 머리 부분은 살려둔다.
3 아보카도는 껍질과 씨를 제거하고 0.2cm 너비로 슬라이스한다.
4 흰강낭콩은 흐르는 물에 씻은 뒤 체에 밭쳐 물기를 뺀다.
5 팬을 중불로 달군 뒤 버터와 올리브유를 두르고 마늘을 넣어 2분 정도 볶은 뒤 화이트와인을 넣고 1분 정도 끓인다.
6 그린피, 흰강낭콩, 아스파라거스를 넣고 2분 정도 볶은 뒤 소금, 후추로 간을 맞춘다.
7 아스파라거스의 머리 부분만 건져두고 **6**과 파슬리, 바질, 파르메산을 블렌더에 넣고 곱게 간다. 면수를 조금씩 넣으며 농도를 맞춘다.
8 그릇에 탈리아텔레를 담고 프리마베라소스를 올린다.
9 아스파라거스 머리 부분과 셰르빌, 아보카도를 올린다.

아스파라거스 머리 부분은 오래 조리하지 않는다

아스파라거스를 볶을 때 머리 부분은 오래 조리하지 않도록 조심한다. 머리 부분은 줄기보다 연해서 함께 볶으면 금세 무른다. 채소를 곱게 갈아서 소스를 만들 때도 아스파라거스 머리 부분은 따로 빼두고 나중에 장식으로 올린다. 셰르빌은 정교한 잎 모양 덕분에 파인 다이닝 메뉴에서 장식으로 많이 사용한다. 셰르빌이 없다면 아주 작은 파슬리잎이나 바질 가장 위쪽의 어린잎으로 대체할 수 있다.

단호박민트페스토라자냐

sweet pumpkin and mint pesto lasagna

흔히 라자냐를 미트소스에 베사멜소스를 넣어서 만들지만 미트소스 대신 오븐에서 잘 구운 단호박을, 베사멜소스 대신 부드러운 리코타믹스를, 그리고 향긋한 민트페스토를 잘 쌓아 올리면 고기만큼 풍미가 있는 메뉴가 완성되지요. 한 번 먹어보면 클래식라자냐가 생각나지 않을 만큼 다양한 맛이 입안에서 춤을 추는 채식 라자냐입니다.

[재료](2인 기준)

라자냐 5장(100g)
단호박 1kg
시금치 300g
양파 1개
마늘 다진 것 15g
리코타 150g
페타 60g
모차렐라 120g
올리브유 40ml
소금 약간
후추 약간
민트페스토
· 마늘 3알
· 올리브유 150ml
· 아몬드 50g
· 민트 45g
· 파르메산 간 것 40g
· 레몬즙 30ml
· 파슬리 15g

[만드는 법]

1 단호박은 반으로 잘라서 씨를 제거한 뒤 ⅓은 3cm 너비의 웨지 모양으로 자르고 나머지는 1cm 너비로 얇게 슬라이스한다.
2 오븐트레이에 유산지를 깔고 슬라이스한 단호박을 올린 뒤 올리브유 20ml를 뿌리고 소금, 후추로 간을 맞춘다.
3 180℃로 예열한 오븐에서 단호박을 15분 정도 굽는다.
4 양파는 반으로 자르고 얇게 채 썬다.
5 주물 냄비를 중불로 달군 뒤 올리브유 20ml를 두르고 양파, 마늘을 넣어 3분 정도 볶는다.
6 시금치를 넣고 2분 정도 볶아서 숨을 죽이고 취향에 따라 소금, 후추로 간을 맞춘다.
7 **6**을 볼에 담고 리코타, 페타를 넣어 골고루 섞는다.
8 민트페스토 재료를 블렌더에 모두 넣고 곱게 간다. 소금, 후추를 추가해도 된다.
9 시금치를 볶은 주물 냄비에 라자냐, 민트페스토, 단호박, **7**을 순서대로 3~4번 반복하여 올리고 웨지 모양 단호박을 넣는다.
10 윗면에 남은 페스토와 얇게 슬라이스한 모차렐라를 올린다.
11 뚜껑을 닫지 않고 180℃로 예열한 오븐에서 40분 정도 굽는다.

민트페스토를 충분히 바른다

주물 냄비에 라자냐를 담을 때는 민트페스토, 단호박, 리코타믹스를 최대한 수평을 맞춰서 쌓는다. 냄비가 둥글기 때문에 양옆에 공간이 남아 수평이 맞지 않으면 쓰러질 수 있다. 제일 윗면에는 민트페스토를 충분히 발라 라자냐가 완성되었을 때 마르지 않도록 한다. 미리 라자냐를 4~5분 정도 삶아두면 오븐에서 굽는 시간을 10~15분 정도 단축시킬 수 있다.

YLESFORD

소갈비스튜칼라마라타

braised beef rib stew and calamarata

찬바람이 불기 시작하면 스튜를 끓일 준비를 합니다. 주로 세 가지를 만드는데, 그중 하나가 흑맥주스튜입니다. 흑맥주스튜는 만들 때마다 한겨울의 캠핑이 떠오릅니다. 차가운 공기 속에서 따뜻한 스튜를 먹는 그 풍경이요. 원래 양고기로 만들었지만 이 레시피에는 친숙한 소고기를 사용했습니다.

[재료](2인 기준)

칼라마라타 200g
소고기(갈비) 800g
릭 90g
당근 1개
셀러리 1대
적양파 ½개
마늘 다진 것 15g
크러시드토마토 캔 250g
비프스톡 150ml
· 비프스톡큐브 ½개
· 물 150ml
흑맥주 250ml
흑설탕 15g
커리가루 10g
파프리카가루 5g
올리브유 15ml
소금 약간
후추 약간

[만드는 법]

1 커리가루, 파프리카가루, 소금, 후추를 넓은 접시에 담고 골고루 섞는다.
2 소고기를 넣어 골고루 묻히고 냉장고에서 1시간 이상 재운다.
3 릭은 0.5cm 너비로 송송 자르고 당근과 셀러리, 적양파는 1cm 크기의 큐브 모양으로 자른다.
4 주물 냄비를 중불로 달군 뒤 올리브유를 두르고 소고기를 넣어 겉면만 노릇하게 익도록 한 면당 2분 정도 구운 뒤 꺼낸다.
5 같은 냄비에 릭, 당근, 셀러리, 적양파를 넣고 2~3분 정도 볶다가 마늘을 넣고 1분 정도 더 볶는다.
6 흑맥주, 흑설탕, 크러시드토마토, 비프스톡, 소고기를 모두 넣고 한 번 끓인다.
7 약불로 줄이고 뚜껑을 닫아 2시간 정도 뭉근하게 익힌다.
8 칼라마라타는 14분 정도 삶은 뒤 건져서 소갈비스튜와 함께 그릇에 담는다.

덜 달고 구수한 흑맥주를 사용한다

흑맥주는 고기의 잡내를 없애주기도 하지만 소스의 맛에도 큰 영향을 준다. 몇 시간 동안 소고기와 함께 끓인 흑맥주소스는 그레이비에 가까울 정도로 짙은 갈색을 띠고 와인과는 또다른 깊은 풍미를 준다. 최상의 맛을 위해서 포터porter보다 스타우트stout를 추천한다. 스타우트가 포터보다 단맛이 덜하고 곡류와 견과류의 고소한 향이 더 강하기 때문이다.

성게알크림소스부카티니

sea urchin roe cream sauce bucatini

성게알을 좋아해서 최근 성게알이 인기인 미식 트렌드가 무척 반갑습니다. 예전에는 고급 식당에서나 만날 수 있는 비싼 재료였는데 이제는 파스타, 미역국, 육회, 덮밥, 김밥 등 많은 음식에 활용하지요. 수입되는 물량도 많아져서 제철이 아니더라도 얼마든지 구할 수 있으니 성게알파스타를 만들지 않을 수 없네요. 연어알도 듬뿍 넣어 톡톡 씹히는 식감을 살린 파스타를 소개합니다. 신선한 성게알과 연어알을 사용해 바다 향을 듬뿍 느껴보세요.

[재료]

부카티니 100g
성게알 10g
연어알 15g
버터 15g
마늘 다진 것 5g
차이브 다진 것 약간
소금 약간
후추 약간
성게알크림소스
· 성게알 40g
· 생크림 50ml
· 파르메산 간 것 30g
· 후추 약간

[만드는 법]

1 부카티니는 11분 정도 삶은 뒤 건진다.
2 성게알크림소스 재료를 블렌더에 넣고 곱게 간다.
3 팬을 중불로 달군 뒤 버터를 녹이고 마늘을 넣어 2~3분 정도 볶는다.
4 성게알크림소스를 넣어 골고루 섞고 취향에 따라 소금, 후추로 간을 맞춘다. 이때 소스가 끓지 않도록 주의한다.
5 부카티니와 차이브를 넣고 골고루 섞는다.
6 그릇에 담고 성게알과 연어알을 올린다.

성게알, 생크림, 파르메산을 곱게 간다

성게알크림소스 재료는 갈아서 넣으면 더욱 부드럽다. 성게알크림소스를 만들 때는 페코리노보다 파르메산을 추천한다. 페코리노는 치즈 자체에 시큼한 맛이 강해서 성게알과 섞으면 비릿한 맛이 두드러진다. 반면 파르메산은 짭조름하고 고소한 맛이 강해서 성게알 특유의 향을 해치지 않고 감싸준다.

소고기라구파파르델레

beef brisket ragu pappardelle

특별한 날을 위한 고급스러운 파스타를 소개합니다. 스튜용 고기를 몇 시간 동안 푹 익히고 일일이 손으로 찢어서 만든 정성 가득한 메뉴예요. 기본 미트소스보다 훨씬 정성이 들어가는 요리라 맛도 더 깊습니다. 조용하고 묵직하게 오랫동안 입안을 즐겁게 하고 살며시 사라지지요. 여운이 강합니다. 한 번 맛보면 반드시 다시 찾게 될 거예요.

[재료](2인 기준)

생파파르델레 200g
소고기(양지) 300g
마늘 다진 것 10g
적양파 ⅓개
셀러리 ⅓대
당근 ⅓개
크러시드토마토 캔 300g
레드와인 100ml
물 80ml
토마토페이스트 15g
월계수잎 1장
시나몬스틱 1개
파슬리 다진 것 5g
올리브유 30ml
면수 150ml
타임 말린 것 약간
소금 약간
후추 약간

[만드는 법]

1 소고기는 큼직하게 자른 뒤 소금, 후추로 밑간한다.
2 적양파, 셀러리, 당근은 1cm 크기의 큐브 모양으로 자른다.
3 주물 냄비를 중불로 달군 뒤 올리브유 15ml를 두르고 소고기를 넣어 겉면만 노릇하게 3분 정도 익히고 꺼내둔다.
4 약불로 줄이고 남은 올리브유를 두른 뒤 마늘, 손질한 적양파, 셀러리, 당근을 넣고 5분 정도 볶는다.
5 소고기, 크러시드토마토, 레드와인, 물, 토마토페이스트, 월계수잎, 시나몬스틱, 타임, 소금, 후추를 넣고 끓인다.
6 소스가 끓어오르면 약불로 줄여 뚜껑을 닫고 2시간 30분 정도 익힌다.
7 파파르델레는 1분 정도 삶은 뒤 건진다.
8 부드러워진 소고기를 꺼내 잘게 찢고 다시 소스 냄비에 넣은 뒤 면수를 부어 15분 정도 뭉근하게 익힌다. 월계수잎, 시나몬스틱을 꺼낸다.
9 파파르델레를 넣고 섞으면서 1분 정도 익힌 뒤 파슬리를 뿌린다.

소고기는 잘게 찢은 뒤 다시 넣어 끓인다

두 시간 이상 익힌 소고기를 찢어서 다시 익힐 때는 수분을 충분히 보충해야 한다. 진한 맛을 내기 위해 액체류를 넉넉히 넣지 않았기 때문에 두 번째 익힐 때 소스가 부족할 수 있다. 소스가 많은 것이 좋다면 소고기를 다시 끓일 때 면수를 넣거나 토마토소스(파사타)를 추가하여 농도를 조절한다. 생수는 절대 넣으면 안 된다. 장시간의 노력이 물거품이 되어버린다.

닭고기미트볼탈리아텔레

chicken meatball tagliatelle with spicy green sauce

바질페스토가 지겨워서 다른 페스토를 만들었는데 그것 또한 지겨울 때쯤 갈증을 해소해줄 그린소스파스타입니다. 처음에는 딥소스로 그린소스를 만들었는데 점점 그 영역을 넓혀 파스타소스가 되었네요. 몇 년 동안 만들던 소스라서 이 맛에 익숙해졌는데 처음 먹는 사람들은 모두 놀라워했습니다. "이 소스는 팔아야 해요!"라는 말을 들었으면 맛있는 거 맞지요?

[재료]

시금치 탈리아텔레 100g
닭고기(가슴살) 100g
빵가루 15g
생강 다진 것 5g
라임즙 5ml
간장 5ml
코리앤더 말린 것 약간
파프리카가루 약간
설탕 약간
페코리노 간 것 약간
그린소스
· 마요네즈 70g
· 파르메산 간 것 15g
· 할라피뇨 15g
· 고수 15g
· 라임즙 15ml
· 포도씨유 10ml
· 꿀 5g
· 마늘 다진 것 5g
· 바질 3g
· 소금 약간
· 후추 약간

[만드는 법]

1 닭고기는 잘게 다진다.
2 닭고기, 빵가루, 생강, 라임즙, 간장, 코리앤더, 파프리카가루, 설탕을 볼에 넣고 골고루 섞은 뒤 랩을 덮어 냉장고에서 1시간 정도 재운다.
3 **2**의 반죽을 5등분하여 둥글게 빚는다.
4 유산지를 깐 오븐트레이에 **3**의 닭고기미트볼을 올리고 200℃로 예열한 오븐에서 12분 정도 굽는다.
5 마요네즈를 제외한 모든 그린소스 재료를 블렌더에 넣고 간 뒤 마요네즈를 넣고 다시 간다.
6 탈리아텔레는 8분 정도 삶은 뒤 건진다.
7 탈리아텔레와 그린소스를 볼에 넣어 골고루 버무린 뒤 그릇에 담고 닭고기미트볼을 올린다.
8 페코리노를 뿌린다.

닭고기미트볼은 일정한 크기로 빚는다

닭고기미트볼을 만들 때는 번거롭더라도 무게를 계량하여 최대한 같은 무게와 크기로 빚는다. 요리가 완성되었을 때 보기도 좋지만 전체적으로 고르게 익어서 잘 익었는지 잘라서 확인할 필요가 없다.

소고기스테이크오레키에테와 가지소스

beef sirloin steak orecchiette with smoked eggplant cream sauce

요리 학교에서 공부를 할 때 셰프 마크 노모일Mark Normoyle의 가지퓨레가 무척 인상적이었는데 졸업한 뒤 그가 총주방장으로 있는 호텔에 취직해 그 레시피를 전수받았습니다. 훈제기계로 진하게 훈연한 가지를 퓨레로 만들어 스테이크와 함께 내는 메뉴였어요. 그 훈연향과 고소함이 소고기의 맛을 해치지 않으면서 어찌나 잘 어울리던지요. 가정에서는 호텔처럼 훈연을 할 수 없지만 최대한 그 맛을 살려보았습니다.

[재료]

오레키에테 100g
소고기(등심 스테이크용) 200g
가지 2개
생크림 120ml
병아리콩 캔 60g
마스카르포네 20g
레몬즙 10ml
포도씨유 15ml
올리브유 5ml
큐민가루 약간
코리앤더 말린 것 약간
소금 약간
후추 약간

[만드는 법]

1 가지는 머리 부분 2cm를 남기고 반으로 잘라 시옷 모양으로 만든다.
2 가지를 그대로 오븐트레이에 올린 뒤 200℃로 예열한 오븐의 윗칸에서 40분 정도 굽는다. 숟가락으로 부드러운 속살만 떠낸다.
3 병아리콩은 흐르는 물에 씻은 뒤 체에 밭쳐 물기를 뺀다.
4 냄비를 중불로 달군 뒤 올리브유를 두르고 큐민가루, 코리앤더를 넣고 1분 정도 볶는다.
5 병아리콩을 넣고 1분 정도 볶고 가지를 넣어 1분 정도 더 볶는다.
6 생크림 20ml와 마스카르포네를 넣고 2분 정도 더 익힌 뒤 블렌더에 넣고 레몬즙과 함께 곱게 간다.
7 팬을 중불로 달군 뒤 포도씨유를 두르고 소금, 후추로 밑간한 소고기를 넣어 한 면당 3분 정도 굽는다.
8 포일을 덮어 10분 정도 래스팅하고 1.5cm 너비로 슬라이스한다.
9 오레키에테는 10분 정도 삶은 뒤 건진다.
10 팬에 **6**과 생크림 100ml를 넣고 약불에서 3분 정도 데운 뒤 소금, 후추로 간을 맞춘다.
11 그릇에 완성된 소스를 담고 오레키에테와 소고기를 올린다.

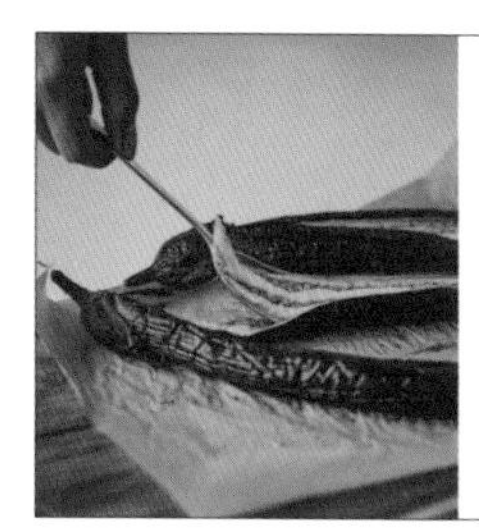

가지에 훈연향을 입힌다

집에서는 훈연향을 입히기 쉽지 않다. 대신 가지를 오븐에서 구울 때 가장 윗부분에 트레이를 넣고 살짝 탄 듯이 구워 훈연향을 끌어낸다. 이렇게 얻은 가지 속살로 부드러운 가지소스를 만드는데, 가지 맛이 강한 것이 좋다면 병아리콩의 양을 반으로 줄이고 가지를 두 개 더 구워서 소스에 넣는다. 훈연향이 아쉽다면 구운 가지를 토치로 살짝 그을린 뒤 소스를 만든다.

뇨키와 구운 채소

crispy gnocchi and roasted vegetable

잘 만든 뇨키는 사실 식감이 묘합니다. '쫄깃'이라는 단어는 조금 센 느낌이고 '쫀득하다'고 해야 맞을 것 같아요. 끈적거리지만 입안에 들러붙는 끈적거림은 아니지요. 한 단어로 표현하기 어려운 식감이에요. 하지만 뇨키를 팬에 한 번 구우면 겉은 바삭, 속은 촉촉해지지요. 한가한 주말에는 여유를 만끽하며 매력적인 식감을 가진 뇨키를 만들어보세요.

[재료](2인 기준)

감자 500g
중력분 40g
파르메산 간 것 50g
미니 당근 8개
파스닙 150g
방울양배추 3개
화이트 아스파라거스 3개
타임 4줄기
올리브유 80ml
소금 약간
후추 약간
버터비네그렛
· 가염버터 40g
· 레드와인식초 15ml
· 홀그레인머스터드 15g
· 타임 말린 것 약간
· 소금 약간
· 후추 약간

[만드는 법]

1 감자는 깨끗이 씻어 반으로 자르고 껍질째 200℃로 예열한 오븐에서 50분 정도 굽는다.
2 따뜻할 때 감자 껍질만 제거하고 포크나 매셔로 곱게 으깬다.
3 감자와 중력분, 파르메산, 소금, 후추를 볼에 넣고 손으로 반죽한다. 너무 오랫동안 반죽하지 않도록 주의한다.
4 반죽을 길게 굴려가며 2cm 두께의 막대 모양으로 빚어 2cm 너비로 자르고 포크 끝으로 살짝 눌러 모양을 낸다.
5 뇨키는 1분 정도 삶아서 바로 건진 뒤 넓은 접시에 올리고 올리브유 20ml와 섞는다.
6 미니 당근, 파스닙은 껍질을 제거하고 파스닙은 미니 당근과 비슷한 크기로 자른다. 화이트 아스파라거스는 질긴 끝부분을 2cm 정도 자르고 반으로 자른다. 방울양배추는 반으로 자른다.
7 오븐트레이에 유산지를 깔고 미니 당근, 파스닙, 화이트 아스파라거스, 방울양배추, 타임을 올린 뒤 올리브유 40ml, 소금, 후추를 뿌린다.
8 180℃로 예열한 오븐에서 25분 정도 굽는다.
9 팬을 중불로 달군 뒤 올리브유 20ml를 두르고 뇨키를 넣어 앞뒤로 노릇하게 구운 뒤 그릇에 담는다.
10 9의 팬을 약불로 달구고 가염버터를 넣어 3분 정도 타지 않게 저어가며 끓이다 나머지 버터비네그렛 재료를 넣고 1분 정도 데운다.
11 뇨키가 담긴 그릇에 구운 채소를 올리고 버터비네그렛을 뿌린다.

비트크림소스트리폴리네

beetroot cream sauce tripoline with blue cheese

이 책을 위한 메뉴를 고민할 때 가장 먼저 소개하고 싶은 파스타였어요. 비트만큼 독보적인 맛과 색을 내는 재료는 없거든요. 이 색을, 이 맛을 반드시 소개하고 싶었습니다. 팔각, 시나몬스틱 같은 향신료와 비트를 함께 익혀서 음식을 먹기 전에 향을 먼저 느껴보세요. 먹은 뒤에는 은은한 맛의 여운도 남습니다.

[재료]

트리폴리네 100g
블루치즈 20g
마늘 2알
올리브유 20ml
비트크림소스
· 비트 200g
· 물 500ml
· 팔각 ¼쪽
· 시나몬스틱 ¼개
· 황설탕 5g
· 레드와인식초 5ml
· 생크림 250ml
· 페코리노 간 것 40g
· 소금 약간
· 후추 약간

[만드는 법]

1 비트는 껍질을 제거하고 8등분한다.
2 비트와 물, 팔각, 시나몬스틱, 황설탕, 레드와인식초를 냄비에 넣고 끓인다.
3 물이 끓어오르면 약불로 줄여 비트가 완전히 익을 때까지 50분 정도 뭉근하게 졸인다.
4 비트를 건진 뒤 생크림, 페코리노와 함께 블렌더에 곱게 간다. 취향에 따라 소금, 후추를 추가해 비트크림소스를 만든다.
5 팬을 약불로 달군 뒤 올리브유를 두르고 마늘을 얇게 저며 넣고 10~12분 정도 바삭하게 구운 뒤 건진다.
6 트리폴리네는 8분 정도 삶은 뒤 건진다.
7 비트크림소스를 팬에 담고 2~3분 정도 약불에 데운다.
8 트리폴리네를 넣고 골고루 섞는다.
9 파스타를 그릇에 담고 마늘을 올리고 블루치즈를 손으로 잘게 떼어내어 올린다.

비트와 향신료를 함께 끓여서 향을 더한다

비트 자체가 머금고 있는 향긋한 풀향과 흙향도 충분히 매력적이지만 다른 향신료들의 도움을 받으면 그 맛이 배가된다. 상큼한 맛을 더하고 싶다면 레몬 껍질과 레몬즙을 넣고 끓이면 되고, 좀 더 이국적인 맛을 더하고 싶다면 큐민, 코리앤더가루 등을 넣고 끓인 뒤 블렌더에 갈면 된다.

대구카망베르소스파케리

pan fried cod paccheri with camembert cream sauce

완벽하게 조리한 생선스테이크와 치즈소스는 치명적인 음식입니다. 입안에서 쫀득하게 씹히는 뽀얀 대구살과 녹진한 치즈소스를 상상해보세요. 그 모든 걸 함께 머금은 파스타까지 있으니 더욱 완벽합니다. 마지막에는 입안을 정리해주는 샤도네이 와인 한 모금을 추천합니다. 입가에 저절로 미소가 지어집니다. 오늘만큼은 소고기스테이크를 외면할 수 있을 것 같네요.

[재료]

파케리 100g
대구 2쪽(200g)
브로콜리니 5개
올리브유 30ml
소금 약간
후추 약간
카망베르소스
· 카망베르 120g
· 샬롯 ½개
· 버터 10g
· 화이트와인 40ml
· 생크림 80ml
· 디종머스터드 5g
· 소금 약간
· 후추 약간

[만드는 법]

1. 파케리는 14분 정도 삶은 뒤 건진다.
2. 대구는 소금, 후추로 밑간한다.
3. 팬을 중불로 달군 뒤 올리브유 15ml를 두르고 대구를 넣어 한 면당 3~4분 정도 굽는다.
4. 브로콜리니는 끓는 물에 1분 정도 데친 뒤 남은 올리브유를 두른 팬에 넣어 2분 정도 굽고 소금, 후추로 간을 맞춘다.
5. 카망베르는 딱딱한 겉면을 잘라내고 얇게 슬라이스한다. 샬롯은 잘게 다진다.
6. 다른 팬을 중불로 달군 뒤 버터를 녹이고 샬롯을 넣어 2분 정도 볶다가 화이트와인을 넣고 1분 정도 더 볶는다.
7. 생크림, 디종머스터드, 카망베르를 넣고 치즈가 녹을 때까지 저어가며 끓인 뒤 소금, 후추로 간을 맞춘다.
8. 파케리를 넣고 골고루 섞은 뒤 대구, 브로콜리니와 함께 그릇에 담는다.

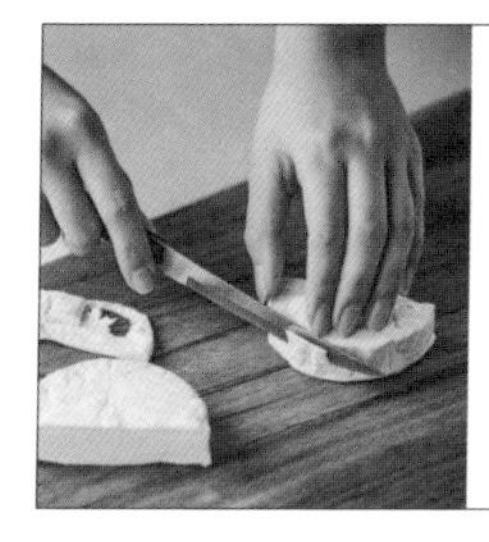

카망베르의 겉면을 잘라내 부드러운 소스를 만든다

카망베르소스를 만들 때 카망베르의 단단한 겉면을 잘라낸다. 소스에 넣으면 안 되는 것은 아니지만 잘 녹지 않아서 부드러운 소스를 만들기가 어렵다. 잘라낸 겉면이 아깝다면 밀가루, 달걀물, 빵가루로 튀김옷을 입힌 뒤 노릇하게 튀겨내 짭조름한 치즈 튀김을 만든다. 간식으로도 좋고 안주로도 좋은 메뉴다.

문어스튜행커치프

octopus stew handkerchief

문어를 맛있게 데치기는 무척 어렵습니다. 크기에 따라 삶는 시간이 다르고 조금만 오래 삶아도 질겨지기 때문이지요. 하지만 외국의 레시피를 보면 문어를 아주 오랫동안 삶습니다. 계속 삶아서 오히려 부드럽게 만드는 것이지요. 쫄깃한 맛은 줄어들지만 오래 삶아서 토마토소스와 향신료의 맛이 깊이 스며듭니다.

[재료]

생행커치프 100g
문어 다리 손질한 것 150g
크러시드토마토 캔 250g
샬롯 ½개
파슬리 10g
딜 5g
코리앤더시드 10알
마늘 다진 것 10g
토마토페이스트 5g
화이트와인 40ml
그린올리브 7알
레몬제스트 ¼개분
올리브유 15ml
레몬즙 10ml
칠리플레이크 약간
소금 약간
후추 약간

[만드는 법]

1 문어는 한입 크기로 자른다.
2 샬롯, 파슬리, 딜은 잘게 다진다.
3 코리앤더시드는 절구에 곱게 빻는다.
4 주물 냄비를 중불로 달군 뒤 올리브유를 두르고 샬롯과 마늘을 넣어 2분 정도 볶는다.
5 토마토페이스트와 칠리플레이크, 코리앤더시드를 넣고 1분 정도 더 볶는다.
6 화이트와인을 넣고 2분 정도 끓인 뒤 크러시드토마토, 문어, 그린올리브, 파슬리, 딜, 레몬제스트를 넣고 끓인다.
7 소스가 끓어오르면 약불로 줄여 뚜껑을 덮고 45분 정도 뭉근하게 익힌 뒤 불에서 내린다.
8 소금, 후추로 간을 맞추고 레몬즙을 뿌린다.
9 행커치프는 2분 정도 삶은 뒤 건져서 그릇에 담는다.
10 문어 스튜를 올린다.

문어는 소스와 오랫동안 끓인다

스튜용 문어는 활문어, 자숙문어 중 어느 것을 사용해도 상관없다. 숙회처럼 데쳐내는 것이 아니라 소스와 함께 오랫동안 끓이기 때문이다. 대형 마트나 온라인 마트에서 다리만 판매하기도 하니 신선한 문어를 구입해서 도전해보자.

돼지고기크림스튜카바텔리

pork tenderloin cream stew cavatelli in bread ball

쌀이 주식인 한국에서도 어느 순간부터 여기저기 빵집이 자리를 잡고 있습니다. 어느 동네나 유명한 빵집 하나는 있을 정도지요. 그래서 빵을 사용한 파스타를 만들어보았습니다. 어린 시절 먹었던 추억의 파스타를 떠올리며 그때보다는 깊고 풍부한 맛을 내기 위해 재료에 신경을 썼습니다. 추억을 되새기면서 촉촉한 빵과 부드러운 크림파스타를 즐겨보세요.

[재료]

카바텔리 60g
브레드볼 1개
돼지고기(안심) 250g
감자 ½개
양파 ¼개
당근 ¼개
브로콜리 ¼개
치킨스톡 200ml
· 치킨스톡큐브 1개
· 물 200ml
올리브유 15ml
소금 약간
후추 약간
크림소스
· 버터 10g
· 박력분 10g
· 우유 100ml
· 크림치즈 15g
· 소금 약간

[만드는 법]

1 카바텔리는 11분 정도 삶은 뒤 건진다.
2 브레드볼은 윗면을 1.5cm 정도 잘라내고 속을 파낸다.
3 감자, 양파, 당근은 2cm 크기의 큐브 모양으로 자르고 브로콜리는 송이 부분만 작게 잘라낸다. 돼지고기는 2cm 크기의 큐브 모양으로 자르고 소금, 후추로 밑간한다.
4 냄비를 중불로 달군 뒤 올리브유를 두르고 돼지고기를 넣어 2분 정도 노릇하게 굽는다. 양파를 넣고 2분 정도 볶은 뒤 당근과 감자를 넣고 골고루 섞는다.
5 치킨스톡을 넣고 끓인 뒤 약불로 줄이고 당근과 감자가 익을 때까지 15분 정도 뭉근하게 익힌다.
6 브로콜리를 넣고 2분 정도 더 익힌다.
7 냄비를 약불로 달군 뒤 버터를 녹이고 박력분을 넣어 나무주걱으로 1분 정도 볶는다.
8 우유를 넣고 거품기로 4~5분 정도 젓다가 걸쭉해지면 크림치즈를 넣고 완전히 녹을 때까지 섞는다. 소금으로 간을 맞춘다.
9 크림소스 냄비에 카바텔리, 돼지고기, 채소를 넣고 골고루 섞은 뒤 브레드볼에 가득 채운다. 180℃로 예열한 오븐에서 10분 정도 굽는다.

미리 예열한 오븐에서 브레드볼을 익힌다

브레드볼 안에 스튜와 파스타를 채울 때는 고형 재료를 먼저 넣은 뒤 소스를 붓는다. 소스까지 담은 뒤 빵이 눅눅해지기 전에 예열된 오븐에 넣어 겉면을 바삭하게 익히는 것이 좋다. 빵을 먹기 때문에 과한 탄수화물 섭취를 피하기 위해 파스타의 양을 줄였다.

버섯맥앤치즈

mushroom mac and cheese

원래 맥앤치즈를 그다지 좋아하지 않았어요. 어릴 때, 미국에서 놀러온 사촌 오빠가 작은 상자에서 라면 같은 봉지를 꺼내 맥앤치즈를 만들었는데 하얀 가루가 샛노랗게 변하면서 걸쭉해지는 모습이 이상했던 기억이 있어요. 맛이 없지는 않았지만 속도 편하지 않았지요. 하지만 요리를 시작하면서 진짜 맥앤치즈가 무엇인지 알게 되었고 요즘은 종종 만들곤 합니다. 진한 치즈의 맛이 맥앤치즈의 매력이지만 버섯을 더해 씹는 맛을 더했어요.

[재료](4인 기준)

마카로니 350g
표고버섯 말린 것 50g
양송이버섯 200g
백만송이버섯 200g
샬롯 2개
마늘 다진 것 30g
타임 4줄기
트러플오일 30ml
체다 간 것 300g
파르메산 간 것 50g
올리브유 30ml
소금 약간
후추 약간
베사멜소스
· 버터 30g
· 박력분 20g
· 우유 500ml
· 소금 약간

[만드는 법]

1 마카로니는 7분 정도 삶은 뒤 건진다.
2 표고버섯은 깨끗이 씻은 뒤 따뜻한 물에서 40분 정도 불리고 얇게 저민다. 표고버섯을 불린 물은 버리지 않는다.
3 양송이버섯은 얇게 슬라이스하고 백만송이버섯은 먹기 좋게 찢고 샬롯은 잘게 다진다.
4 팬을 중불로 달군 뒤 올리브유를 두르고 샬롯과 마늘을 넣어 3분 정도 볶는다. 버섯들을 넣고 5분 정도 더 볶는다.
5 타임, 표고버섯 불린 물 100ml를 넣고 3분 정도 졸인 뒤 소금, 후추로 간을 맞춘다.
6 냄비를 중불로 달군 뒤 버터를 녹이고 박력분을 넣어 나무주걱으로 섞는다. 우유를 조금씩 넣으며 거품기로 4~5분 정도 멍울이 생기지 않도록 섞고 소금으로 간을 맞춰 베사멜소스를 만든다.
7 마카로니와 **5**의 버섯, 체다 250g, **6**의 베사멜소스, 트러플오일을 큰 볼에 넣고 골고루 섞은 뒤 오븐용 그릇에 담는다.
8 윗면에 남은 체다와 파르메산을 뿌리고 180℃로 예열한 오븐에서 20분 정도 굽는다.

표고버섯 불린 물을 활용한다

말린 포르치니버섯을 불린 물은 맛과 향이 뛰어나 다양한 요리에 사용한다. 하지만 한국에서는 쉽게 구할 수도 없고 무척 비싸다. 대신 우리에게 친숙한 말린 표고버섯을 비슷하게 활용할 수 있다. 표고버섯을 불린 물을 파스타소스나 리소토 베이스에 섞으면 그냥 버섯을 먹었을 때와는 또 다른 은은하고 깊은 맛이 있다. 버섯솥밥이나 국, 탕 같은 한식에도 유용하게 사용할 수 있다.

클래식라자냐

classic lasagna

라자냐는 집에서 만들기가 무척 번거로운 음식입니다. 건파스타를 사용하면 과정이 하나 줄지만 생파스타를 사용한다면 밀가루 반죽에 미트소스, 베샤멜소스까지 만들어야 해서 손이 많이 가지요. 하지만 노릇하게 구운 라자냐를 한입 베어 물면 그동안의 고생은 잊어버리고 부자가 된 듯한 기분까지 들어요. 시간이 넉넉한 날에는 깊은 맛의 클래식라자냐를 추천합니다.

[재료](4인 기준)

생라자냐 300g
파르메산 간 것 30g
파슬리 말린 것 약간
올리브유 약간
미트소스
· 셀러리 1개
· 양파 1개
· 당근 ½개
· 무염버터 70g
· 로즈메리 1줄기
· 소고기(다짐육) 700g
· 화이트와인 100ml
· 크러시드토마토 캔 300g
· 소금 약간
· 후추 약간
베사멜치즈소스
· 우유 700ml
· 월계수잎 1장
· 무염버터 60g
· 박력분 90g
· 파르메산 간 것 100g
· 달걀노른자 1개
· 넛맥 약간
· 소금 약간
· 후추 약간

[만드는 법]

1 셀러리, 양파, 당근은 잘게 다진다.
2 냄비를 중불로 달군 뒤 무염버터를 녹이고 **1**과 로즈메리를 넣고 3~4분 정도 볶는다.
3 소고기를 넣고 5분 정도 볶은 뒤 소금, 후추로 간다.
4 화이트와인, 크러시드토마토를 넣고 끓인 뒤 약불로 줄여 20분 정도 뭉근하게 졸여서 미트소스를 만든다.
5 냄비에 우유와 월계수잎을 넣고 끓기 직전까지만 데운 뒤 불을 끄고 월계수잎을 꺼낸다.
6 다른 냄비를 중불로 달군 뒤 무염버터를 녹이고 박력분을 넣어 나무주걱으로 섞으면서 2분 정도 볶는다. 약불로 줄이고 **5**의 우유를 조금씩 넣으며 거품기로 7분 정도 섞어 걸쭉하게 만든다.
7 불을 끄고 넛맥, 파르메산, 달걀노른자를 넣어 골고루 섞은 뒤 소금, 후추로 간을 맞춰 베사멜치즈소스를 만든다.
8 오븐용 그릇 안쪽에 올리브유를 바르고 라자냐, 미트소스, 베사멜치즈소스의 순서로 3~4번 반복하며 그릇 입구까지 쌓는다.
9 윗면에 파르메산을 골고루 뿌리고 180℃로 예열한 오븐에서 40분 정도 구운 뒤 파슬리를 살짝 뿌린다.
10 10~15분 정도 식힌 뒤 잘라서 그릇에 담는다.

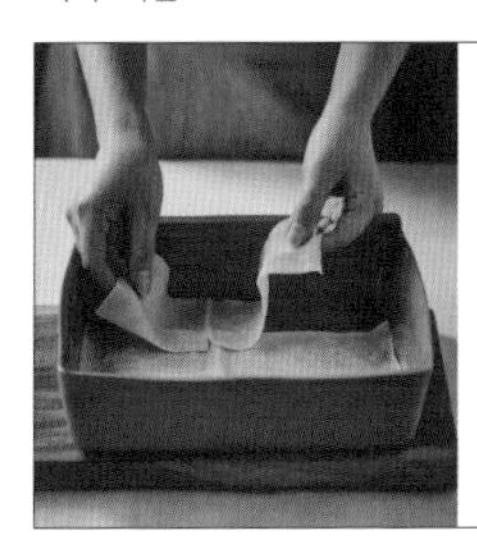

그릇 크기에 맞게 라자냐를 잘라서 얹는다

생라자냐를 사용하면 라자냐 그릇에 딱 맞게 자를 수 있어서 편하다. 베사멜치즈소스를 처음 만든다면 실패할 확률이 높다. 간단하게 만들기 위해서는 시판 크림수프를 사용해도 된다. 크림수프를 되직하게 만들어서 베사멜치즈소스 대신 넣는다.

스파게티키슈

spaghetti quiche

이 레시피에는 토마토소스를 사용했지만 페스토, 미트소스, 크림소스 등 어떤 소스를 넣어도 맛있는 요리입니다. 취향에 따라 새우나 닭고기, 햄 등 부재료를 토핑으로 올려도 좋습니다. 평소 아이들이 잘 먹지 않는 채소를 잘게 다져서 달걀물과 섞어 함께 구우면 아이들도 잘 먹는 든든한 메뉴가 완성됩니다.

[재료](4인 기준)

스파게티 300g
토마토소스 300g(p.66 참고)
페코리노 간 것 30g
버터 50g
바질 20g
케일 8장
베이컨 8장
달걀 4개
생크림 70ml
우유 70ml
올리브유 약간
소금 약간
후추 약간

[만드는 법]

1 스파게티는 8분 정도 삶은 뒤 건진다.
2 냄비를 중불로 달군 뒤 버터 10g을 녹이고 스파게티와 토마토소스, 페코리노를 넣고 2분 정도 끓인 뒤 불을 끈다.
3 바질과 케일은 가늘게 채 썰고 베이컨은 1cm 너비로 자른다.
4 버터 40g을 작은 볼에 넣고 랩을 씌운 뒤 전자레인지에서 30초 정도 녹인다.
5 바질, 케일, 베이컨, 남은 버터, 달걀, 생크림, 우유를 볼에 넣어 섞고 소금, 후추로 간을 맞춘다.
6 오븐용 파이 그릇에 올리브유를 바른 뒤 **2**를 담고 **5**의 달걀믹스를 붓는다.
7 180℃로 예열한 오븐에서 30~35분 정도 굽는다.

스파게티에 달걀믹스가 골고루 스며들도록 붓는다

달걀믹스는 스파게티가 서로 붙도록 도와주는 풀 같은 역할을 한다. 좀 더 든든한 키슈를 만들고 싶다면 달걀을 2개 더 풀어서 스파게티의 ½ 정도까지 채운 뒤 굽는다. 취향에 따라 케일 대신 시금치, 버섯, 방울토마토 등을 넣고 소스에 변형을 주어 개성 있게 만들어도 좋다. 맛과 영양이 풍부해진다.

전복시금치퓨레파파르델레

abalone pappardelle with spinach puree

파스타도 보양식으로 만들 수 있다는 것을 보여준 레시피입니다. 보양식 재료인 전복과 건강한 식재료의 상징인 시금치를 아낌없이 넣어서 만들었습니다. 보기만 해도 힘이 나는 것 같아요. 겨울이면 제철을 맞아 얼굴을 내미는 섬초를 시금치 대신 사용해도 좋습니다.

[재료]

파파르델레 100g
전복 3개
버터 20g
올리브유 10ml
소금 약간
후추 약간
시금치퓨레
· 시금치 70g
· 마늘 1알
· 그린피 30g
· 올리브유 10ml
· 그린커리페이스트 10g
· 설탕 5g
· 면수 100ml
· 소금 약간
· 후추 약간

[만드는 법]

1 파파르델레는 5분 정도 삶은 뒤 건진다.
2 전복은 손질한 뒤 0.5cm 간격으로 칼집을 내고 소금, 후추로 밑간한다.
3 시금치는 씻어서 물기를 빼고 잘게 뜯어둔다. 마늘은 얇게 저민다.
4 그린피는 끓는 물에 1분 정도 데친 뒤 체에 걸러 물기를 뺀다.
5 팬을 중불로 달군 뒤 올리브유를 두르고 마늘과 그린커리페이스트를 넣어 2분 정도 볶다가 시금치를 넣고 빠르게 볶아 숨을 죽인다.
6 **5**와 그린피, 설탕을 블렌더에 넣고 곱게 간다. 면수를 넣고 다시 한 번 갈아서 시금치퓨레를 만든다.
7 팬을 센불로 달군 뒤 버터를 녹이고 올리브유를 둘러 전복을 한 면당 2분 정도 굽는다.
8 파파르델레를 **6**의 시금치퓨레에 버무리고 그릇에 담은 뒤 구운 전복을 올린다.

전복은 버터에 살짝 굽는다

다른 해산물과 마찬가지로 전복 역시 오래 익히면 질겨진다. 질긴 전복을 부드럽게 만들려면 오랫동안 끓여서 전복살의 조직을 무너뜨리는 방법밖에 없으니 주의해서 익힌다. 오븐을 사용한다면 온도를 250℃로 예열한 뒤 전복에 버터, 올리브유를 바르고 3~4분 정도 구우면 적당하다.

칠리크랩링귀네

chilli crab linguine

칠리크랩은 싱가포르 대표 요리입니다. 달고 짠 이 요리의 하이라이트는 튀긴 꽃빵이에요. 바삭한 꽃빵을 칠리소스에 찍어 먹으면 누구라도 하나로는 만족할 수 없지요. 볶음밥에 칠리소스를 조금 넣어서 비벼 먹으면 역시 한입만 먹는 것은 무리입니다. 이 매력적인 맛을 파스타로 만들어봐야하지 않을까요?

[재료]

링귀네 100g
꽃게 1마리
토마토소스 100g(p.66 참고)
마늘 1알
생강 10g
홍고추 ½개
대파 ½대
스위트칠리소스 20g
청주 30ml
황설탕 5g
포도씨유 15ml
소금 약간
후추 약간
고수잎 약간(장식용)

[만드는 법]

1 링귀네는 11분 정도 삶은 뒤 건진다.
2 마늘은 얇게 저미고 생강은 껍질을 제거한 뒤 가늘게 채 썬다.
3 홍고추와 대파는 가늘고 어슷하게 자른다.
4 꽃게는 깨끗이 씻어 몸통과 딱지를 분리하고 몸통만 2등분한다.
5 깊이가 있는 프라이팬을 연기가 날 때까지 센불에 달구고 포도씨유를 두른다.
6 꽃게를 넣고 3분 정도 볶는다
7 마늘, 생강, 홍고추, 대파를 넣고 빠르게 30초 정도 볶는다.
8 토마토소스, 스위트칠리소스, 청주, 황설탕, 소금, 후추를 넣고 2분 정도 더 볶은 뒤 불을 끈다.
9 링귀네를 넣어 한 번 버무리고 그릇에 담는다.
10 꽃게를 올리고 고수잎으로 장식한다.

꽃게와 채소는 센불에 볶는다

꽃게와 채소는 중식을 만들 듯 센불에서 볶는다. 가정에서는 화력이 부족하기 때문에 팬을 아주 뜨겁게 달군 뒤 요리를 한다. 단, 기름을 두르고 팬을 달구면 기름이 타버리니 팬을 먼저 달군 뒤 기름을 두른다.

콜리플라워비건스파게티

cauliflower vegan spaghetti

베지테리언 메뉴를 제대로 만들기 위해서는 많은 노력과 공부가 필요합니다. 특히 비건vegan은 음식뿐 아니라 일상생활에서도 동물성으로 만든 모든 것을 배제합니다. 알레르기 때문일 수도 있지만 종교적 이유, 개인의 신념에 따른 선택이니 모두 존중받아야 하지요. 그래서 더욱 신중하게 만든 메뉴입니다. 대부분의 시판 건파스타는 달걀이 들어가지 않아서 베지테리언 메뉴를 만들 때 활용하기 좋습니다.

[재료]

통밀 스파게티 100g
콜리플라워 300g
아몬드밀크 200ml
캐슈너트 15g
마늘 1알
된장 10g
올리브유 10ml
파프리카가루 약간
소금 약간
후추 약간

[만드는 법]

1. 스파게티는 7분 정도 삶은 뒤 건진다.
2. 콜리플라워는 1.5cm 너비로 슬라이스한다.
3. 냄비에 콜리플라워 200g, 아몬드밀크, 캐슈너트, 마늘을 넣고 끓인다.
4. 약불로 줄이고 뚜껑을 닫은 뒤 15분 정도 뭉근하게 익힌다.
5. 한 김 식히고 블렌더에 넣고 간 뒤 소금, 후추로 간을 맞춘다.
6. 팬을 중불로 달군 뒤 올리브유를 두르고 남은 콜리플라워를 넣어 한 면당 2~3분 정도 노릇하게 굽는다. 소금, 후추로 간을 맞춘다.
7. **5**의 소스를 냄비에 담고 된장을 으깨어 풀어가며 약불에서 2분 정도 데운 뒤 통밀 스파게티를 넣고 골고루 섞는다.
8. 스파게티를 그릇에 담고 구운 콜리플라워를 올린 뒤 파프리카가루를 뿌린다.

콜리플라워의 줄기 부분을 함께 먹는다

콜리플라워의 줄기 부분을 살려서 자르면 모양이 그대로 유지되어 먹기가 편하다. 보통 요리를 할 때 이 부분을 사용하지 않는데 콜리플라워 줄기 부분은 브로콜리 줄기보다 부드러워서 잘 익으면 송이 부분 못지않게 연하다. 단, 줄기의 껍질은 익은 뒤에도 질긴 편이니 필러로 벗겨내고 조리한다.

베이컨진로제소스페투치네

bacon fettucine with gin rose sauce

와인과 위스키로는 많은 소스를 만들었지만 진은 잘 사용하지 않아서 처음에는 무척 낯설었습니다. 이탈리아산 파스타와 프로슈토, 영국산 진으로 소스를 만들어보았는데 진이 머금고 있는 향신료의 향이 소스에 스며들어 이국적이면서 자칫 부담스러울 수 있는 햄의 향을 잡아주는 완벽한 소스가 완성되었어요. 당시 남자친구가 약 올리며 했던 말이 갑자기 떠오릅니다. "Let the juicy Parma meets London dry(거 봐, 파르마(이탈리아)와 런던 진(영국)의 만남이 괜찮지?)."

[재료]

페투치네 100g
통베이컨 150g
토마토소스 100g(p.66 참고)
생크림 100ml
진 20ml
미니 레드파프리카 3개
마늘 5알
로즈메리 2줄기
올리브유 10ml
소금 약간
후추 약간

[만드는 법]

1 페투치네는 10분 정도 삶은 뒤 건진다.
2 팬을 중불로 달군 뒤 통베이컨을 넣고 노릇하게 한 면당 2~3분 정도 굽고 따로 꺼내둔다.
3 같은 팬에 올리브유를 두르고 약불에서 마늘과 로즈메리를 넣어 5분 정도 볶는다.
4 센불로 올린 뒤 반으로 자른 레드파프리카를 넣어 소금, 후추로 간을 맞추고 2분 정도 볶는다.
5 진을 붓고 1분 정도 끓인 뒤 토마토소스를 넣고 한 번 더 끓인다.
6 소스가 끓어오르면 약불로 줄여 생크림을 넣고 2~3분 정도 데운다.
7 페투치네를 넣고 골고루 섞은 뒤 그릇에 담는다.
8 베이컨을 올린다.

진을 넣고 알코올이 모두 사라지도록 충분히 끓인다

진을 충분히 끓이지 않으면 소스에 술맛이 나서 먹기 불편할 수 있다. 적당하게 끓인 진로제소스는 먹기도 편하고 향긋함만 남아 있다. 진 대신 보드카를 넣어도 되지만 진보다 맛과 향이 떨어진다. 보드카는 감자, 호밀, 또는 옥수수를 베이스로 만들기 때문에 술 자체의 맛과 향이 두드러지지 않는 반면, 진은 맥아 베이스에 주니퍼베리를 섞을 뿐만 아니라 만드는 과정에서 다양한 허브 향을 첨가해서 향이 무척 다채롭다.

Bonus_ **곁들임 메뉴**

파스타와 함께 곁들이기
좋은 메뉴를 소개합니다. 파스타의 맛을
더해주고 입안을 깔끔하게 정리해줄
간단하지만 매력적인 메뉴들입니다.

오이브로콜리피클

pickled cucumber and broccoli

느끼한 음식을 먹으면 우리는 늘 김치를 찾습니다. 하지만 파스타를 먹을 때만큼은 김치가 아닌 피클이 더 어울리지요. 무척 간단하게 만들 수 있어서 더욱 추천하는 메뉴입니다.

[재료](650ml 유리병 1개 기준)

오이 1개
브로콜리 ½개
식초 180ml
물 100ml
설탕 100g
월계수잎 1장
코리앤더시드 10알
통후추 5알
소금 5g

[tip]

원하는 종류의 오이로 만든다

백오이는 연하고 빨리 무르기 때문에 채를 썰거나 얇게 저미는 용도로는 잘 사용하지 않고 피클이나 장아찌, 소박이를 만들 때 주로 사용한다. 청오이는 과육이 단단해 소금에 절이거나 살짝 볶는 요리에 좋고 쉽게 무르지 않아 생으로 사용하기에도 적합하다. 단단한 식감의 피클을 좋아한다면 청오이를 사용하자. 뚜껑을 열지 않았을 경우 냉장 보관시 1년도 먹을 수 있지만 방부제가 들어가지 않아 곰팡이가 필 수 있으니 빨리 먹을수록 좋다.

[만드는 법]

1 오이와 브로콜리는 한입 크기로 자른다.
2 오이와 브로콜리를 채반에 넣고 소금을 골고루 뿌린 뒤 40분 정도 둔다.
3 오이와 브로콜리를 흐르는 물에 빠르게 씻고 종이타월로 눌러가며 물기를 최대한 제거한다.
4 식초, 물, 설탕, 월계수잎, 코리앤더시드, 통후추를 냄비에 넣고 설탕이 완전히 녹을 때까지 끓인다.
5 오이와 브로콜리를 소독한 유리병에 담는다.
6 **4**를 유리병에 가득 담고 뚜껑을 닫아 냉장고에서 24시간 정도 둔다.

청양고추피클

pickled chilli

이탈리안 레스토랑에 가면 오이피클처럼 많이 찾는 것이 할라피뇨예요. 매운맛을 사랑하는 우리에게는 꼭 필요하지요. 최근에는 할라피뇨도 국내에서 재배되어 인터넷으로도 구입할 수 있어요. 하지만 더욱 쉽게 구할 수 있는 청양고추를 활용해보았습니다.

[재료](450ml 유리병 1개 기준)

청양고추 15개
마늘 다진 것 5g
식초 200ml
물 50ml
설탕 50g
통후추 5알

[tip]

다양한 색의 고추를 사용한다

녹색 청양고추만 사용해도 되지만 빨간 고추나 노란 고추, 오이고추 등을 섞어 색의 변화를 주면 더욱 재미있다. 색뿐만 아니라 식감 차이도 있어 먹는 즐거움을 더한다. 고추피클은 냉장고에서 두 달 정도 보관 가능하다.

[만드는 법]

1 청양고추는 어슷하게 잘라서 3등분한다.
2 유리병을 끓는 물에 소독한 뒤 청양고추와 마늘을 담는다.
3 식초, 물, 설탕, 통후추를 냄비에 넣고 설탕이 녹을 때까지 끓인다.
4 유리병에 **3**의 피클액을 붓고 뚜껑을 닫아 냉장고에서 24시간 정도 둔다.

양송이버섯절임

button mushroom in olive oil

피클도 좋지만 올리브유에 절인 양송이버섯도 파스타와 무척 잘 어울립니다. 쫄깃한 듯 아삭한 양송이버섯의 식감과 자극적이지 않은 맛이 손을 계속 끌어당기는 매력이 있지요. 특히 토마토소스파스타와 잘 어울려요.

[재료](450ml 유리병 1개 기준)

양송이버섯 10개(300g)
샬롯 2개
마늘 다진 것 10g
타임 2줄기
올리브유 120ml
화이트와인식초 50ml
설탕 5g
소금 약간
후추 약간

[tip]

도톰한 버섯을 사용한다

양송이버섯을 기본으로 하지만 다른 버섯을 함께 넣어도 된다. 표고버섯, 새송이버섯, 느타리버섯 등을 섞어 만들면 다양한 맛과 향을 즐길 수 있다. 단, 팽이버섯, 만가닥버섯같이 너무 얇거나 작은 버섯들은 특유의 쫀득한 식감을 살리기 어렵기 때문에 사용하지 않는다. 냉장 보관하면 한 달 정도 먹을 수 있다.

[만드는 법]

1 양송이버섯과 샬롯은 반으로 자른다.
2 중간 크기의 냄비에 물을 ⅔ 정도 채우고 소금을 넣어 간을 한다.
3 물이 끓으면 양송이버섯을 넣고 3분 정도 익힌다.
4 양송이버섯을 체에 거르고 종이타월로 물기를 최대한 제거한다.
5 양송이버섯과 나머지 재료를 큰 볼에 넣어 섞고 소금, 후추로 간을 맞춘다.
6 유리병을 끓는 물에 소독한 뒤 **5**를 담고 뚜껑을 닫아 냉장고에서 8시간 이상 보관한다.

파프리카절임

roasted paprika in olive oil

파프리카절임은 특유의 감칠맛이 있습니다. 달콤하면서 훈연의 맛도 나지요. 샌드위치, 샐러드, 파스타 등에 사용할 수 있고 곱게 갈아 소스로 만들어도 좋아요. 물론 그 자체만으로도 훌륭한 곁들임 메뉴입니다. 홈메이드 파프리카절임은 4개월 정도 냉장 보관이 가능하니 한 번에 넉넉히 만들어두면 더욱 편리합니다.

[재료](450ml 유리병 1개 기준)

미니 파프리카 500g
로즈메리 2줄기
올리브유 170ml
레드와인식초 30ml
소금 약간
후추 약간

[tip]

구울 때는 전자레인지를 활용한다
파프리카를 구워서 껍질을 제거하는 일이 번거롭다면 전자레인지를 활용한다. 파프리카를 씻고 줄기와 씨를 제거한 뒤 유리볼에 넣고 랩을 씌워 전자레인지에서 7~8분 정도 익힌다. 이때 뚜껑까지 닫을 수 있으면 더욱 좋다. 전자레인지에서 꺼낸 뒤에는 1분 정도 그대로 둔다. 용기 안의 스팀이 매우 뜨거우니 조심히 열어 열기를 한 번 빼고 다시 뚜껑을 덮어 15분 정도 식힌 뒤 손으로 껍질을 벗긴다.

[만드는 법]

1 파프리카 겉면에 올리브유 20ml를 골고루 바르고 유산지를 깐 트레이에 올린다.
2 파프리카를 올리고 220℃로 예열한 오븐에서 20분 정도 구워서 껍질을 태운다.
3 파프리카를 볼에 넣어 랩을 덮고 10분 정도 그대로 둔 뒤 손으로 그을린 껍질만 깨끗이 벗긴다.
4 유리병을 끓는 물에 소독한 뒤 파프리카와 로즈메리를 넣는다.
5 남은 올리브유와 레드와인식초, 소금, 후추를 작은 볼에 넣고 골고루 섞은 뒤 유리병에 담는다.
6 유리병 뚜껑을 닫고 냉장고에서 보관한다.

코울슬로

coleslaw

어릴 적에는 양배추를 왜 먹을까 싶었습니다. 아이들이 좋아하는 맛은 아니잖아요. 그래도 코울슬로는 좋아했어요. 마요네즈도 듬뿍 들어가고 달콤하기도 해서요. 요즘은 양배추는 맛있는데 마요네즈가 부담스러워서 피하게 되는 코울슬로를 더 건강하고 상큼하게 만들어보았습니다. 미트소스파스타와 찰떡궁합을 자랑합니다.

[재료](4인 기준)

적양배추 150g
양배추 150g
당근 ½개
플레인요구르트 150ml
디종머스터드 10g
파슬리 다진 것 10g
레몬즙 30ml
소금 약간
후추 약간

[tip]

사과나 민트를 넣어 청량감을 더한다

코울슬로를 조금 더 색다르고 상큼하게 즐기고 싶다면 사과를 넣는다. 사과의 달콤함과 아삭한 식감이 다른 재료와도 잘 어울린다. 파슬리 대신 민트를 다져 넣으면 청량한 향이 더해져 특히 한여름에 입맛을 돋워준다.

[만드는 법]

1 당근은 얇은 강판에 갈고 적양배추와 양배추는 아주 가늘게 채 썬다.
2 적양배추, 양배추, 당근, 파슬리를 볼에 넣고 플레인요구르트, 레몬즙, 디종머스터드, 소금, 후추를 넣고 섞는다.
3 1시간 이상 냉장고에서 보관한 뒤 먹는다.

루콜라호두샐러드

rucola and walnut salad

가끔은 요리가 귀찮을 때가 있어요. 요리 하나 만들고 나면 다음 요리를 만들기가 힘들 때, 억지로 무언가를 만들어야 하는 그런 때, 간단한 루콜라호두샐러드를 추천합니다. 어떤 파스타와도 잘 어울리니 일석이조입니다.

[재료](2인 기준)

루콜라 70g
파르메산 30g
호두 20g
레드와인식초 40ml
올리브유 70ml
소금 약간
후추 약간

[tip]

루콜라 대신 시금치를 넣으면 더 달콤하다

루콜라의 쌉싸름한 맛이 부담스럽다면 시금치로 대체해도 좋다. 샐러드용 어린 시금치잎을 사용하면 연하고 맛도 좀 더 달콤해서 샐러드에도 적합하다. 견과류 역시 호두 대신 아몬드나 피칸 등 취향에 따라 응용하여 사용한다.

[만드는 법]

1 루콜라는 흐르는 물에 깨끗이 씻고 물기를 최대한 뺀다.
2 파르메산은 필러로 납작하게 저민다.
3 호두는 손으로 굵게 부순다.
4 그릇에 루콜라, 호두, 파르메산을 담고 레드와인식초, 올리브유, 소금, 후추를 뿌린다.

양상추샐러드

iceberg lettuce salad

양상추는 수분도 많고 아삭한 식감 덕분에 샐러드를 만들 때 빠지지 않는 재료예요. 한 잎씩 떼어내 먹어도 시원한 양상추를 스테이크 먹듯 통으로 잘라 먹으면 새로운 맛의 세계가 열립니다. 레몬드레싱의 상큼함까지 더해 입안을 깔끔하게 만들어줍니다.

[재료](2인 기준)

양상추 ½통
차이브 5줄
사과 ¼개
레몬즙 50ml
마늘 다진 것 5g
꿀 10g
디종머스터드 5g
올리브유 25ml
사워크림 50g
소금 약간
후추 약간

[tip]

양상추는 심지를 살려서 자른다
양상추를 자를 때는 중앙의 심지를 잘 살려서 자른다. 심지를 완전히 제거하면 웨지 모양이 유지되지 않고 잎이 다 흩어져 모양이 망가진다. 드레싱을 더 가볍게 만들고 싶다면 사워크림 대신에 플레인요구르트를 사용한다.

[만드는 법]

1 레몬즙, 마늘, 꿀, 디종머스터드, 올리브유, 사워크림, 소금, 후추를 볼에 넣고 거품기로 1분 정도 완전히 섞는다.
2 차이브는 5cm 길이로 자르고 사과는 가늘게 채 썬다.
3 양상추를 ⅓등분한 뒤 **1**을 뿌리고 차이브와 사과를 올린다.

로메인리코타샐러드

romaine and ricotta salad

간단하지만 맛있는 샐러드입니다. 채소와 잘 어울리는 이탈리안드레싱을 넣었는데 이탈리안드레싱은 다른 샐러드와도 잘 어울리니 응용해보세요. 냉장고에서 2주 정도 보관이 가능합니다.

[재료](2인 기준)

로메인 2개
오이 ½개
리코타 80g
이탈리안드레싱
· 올리브유 50ml
· 화이트와인식초 20ml
· 마늘 다진 것 10g
· 파슬리 말린 것 2g
· 바질 말린 것 2g
· 칠리플레이크 약간
· 오레가노 말린 것 약간
· 소금 약간
· 후추 약간

[tip]

과일드레싱도 샐러드와 궁합이 좋다
입안을 향긋하게 헹구는 과일드레싱 역시 샐러드와 잘 어울린다. 귤즙 또는 오렌지즙을 활용한 드레싱을 넣어도 맛있다. 볼에 모든 재료를 넣고 골고루 섞으면 된다.

과일드레싱 재료
올리브유 35ml
귤즙(또는 오렌지즙) 30ml
화이트와인 식초 20ml
발사믹식초 5ml
샬롯 다진 것 5g
소금 약간
후추 약간

[만드는 법]

1 로메인은 5cm 길이로 자르고 오이는 길고 어슷하게 자른다.
2 볼에 이탈리안드레싱 재료를 넣고 골고루 섞는다.
3 그릇에 로메인, 오이, 리코타를 담고 이탈리안드레싱을 뿌린다.

구운 과일

grilled fruits

과일은 후식이라는 고정관념만 버리면 훌륭한 애피타이저가 될 수 있습니다. 소금, 후추, 칠리플레이크를 뿌린 뒤 구우면 달콤한 맛은 더욱 진해지고 매콤한 맛까지 더해져 입맛을 돋워줍니다.

[재료](2인 기준)

파인애플 ¼개
멜론 ¼개
아보카도 ½개
포도씨유 20ml
칠리플레이크 약간
소금 약간
후추 약간

[tip]

제철 과일을 활용한다

제철에 나는 과일을 활용하면 더욱 맛있다. 수박, 복숭아, 자두, 무화과 등 한철에만 먹을 수 있는 과일을 구우면 색다른 한 상 차림을 만들 수 있다. 딸기나 키위 같은 과일도 구울 수 있지만 잘 무르기 때문에 굽는 시간을 줄인다.

[만드는 법]

1 파인애플과 멜론은 3cm 두께의 막대 모양으로 자르고 아보카도는 씨를 제거한다.
2 파인애플, 멜론, 아보카도에 소금, 후추를 뿌린다.
3 그릴팬을 센불로 달군 뒤 포도씨유를 두르고 과일을 넣어 한 면당 1분 정도 굽는다.
4 과일을 그릇에 담고 칠리플레이크를 뿌린다.

파스타

초판 1쇄 발행 2019년 5월 2일
초판 6쇄 발행 2021년 9월 27일

지은이 밀리
펴낸이 염현숙
편집인 김옥현

사진 심윤석 이해리(studio sim)
스타일링 이아연 이하영(studio Millie)
디자인 이효진
마케팅 정민호 박보람 김수현
홍보 김희숙 이미희 함유지 김현지 이소정 박지원
저작권 김지영 이영은 김하림
제작 강신은 김동욱 임현식
제작처 영신사

펴낸곳 (주)문학동네
출판등록 1993년 10월 22일 제406-2003-000045호
임프린트 테이스트북스 taste BOOKS

주소 10881 경기도 파주시 회동길 210
문의전화 031)955-8895(마케팅), 031)955-2693(편집)
팩스 031)955-8855
전자우편 selina@munhak.com

ISBN 978-89-546-5604-7 13590

테이스트북스는 출판그룹 문학동네의 임프린트입니다.

www.munhak.com